测绘改变生活

CEHUI GAIBIAN SHENGHUO

主　编◎田桂娥
副主编◎张凌云　杨久东
尹利文　薛秀秀

电子科技大学出版社
University of Electronic Science and Technology of China Press
·成都·

图书在版编目(CIP)数据

测绘改变生活 / 田桂娥主编. —成都：电子科技大学出版社，2022.5

ISBN 978-7-5647-9346-3

Ⅰ. ①测… Ⅱ. ①田… Ⅲ. ①测绘学-高等学校-教材 Ⅳ. ①P2

中国版本图书馆 CIP 数据核字(2021)第 255839 号

测绘改变生活

田桂娥　主编

策划编辑　曾　艺

责任编辑　曾　艺

出版发行　电子科技大学出版社

成都市一环路东一段 159 号电子信息产业大厦九楼　邮编 610051

主　　页　www.uestcp.com.cn

服务电话　028-83203399

邮购电话　028-83201495

印　　刷　三河市文阁印刷有限公司

成品尺寸　185mm×260mm

印　　张　6.25

字　　数　120 千字

版　　次　2022 年 5 月第 1 版

印　　次　2022 年 5 月第 1 次印刷

书　　号　ISBN 978-7-5647-9346-3

定　　价　28.00 元

前　言

本书是在华北理工大学教学建设委员会五育建设专门委员会的整体谋划、设计、指导下完成的美育教育类教材，旨在将美育教育全面融入测绘专业人才培养体系。本书通过一些简单的实例、视频、图画等让读者了解地球的喜怒哀乐，了解监测地球的手段，了解测绘知识与生活的紧密联系，掌握高程测量、地面点坐标获取的方法及相互转换关系，熟悉遥感原理及应用等，理解地图投影、椭球面计算等基础理论知识，从中体会测绘技术的先进性、测绘技术的实用性及测绘技术在社会发展和国家军事建设中的重要作用，培养学生弘扬社会主义核心价值观和中华优秀传统文化，引领学生树立正确的审美观念，陶冶高尚的道德情操，塑造美好心灵，培养学生对专业的认同感和对专业的崇拜，引导读者对专业中蕴含的价值与美进行充分的解读与揭示，在测绘技术应用中理解美、体验美、传递美、创造美，打造学生热爱和投身专业的精神骨骼，以美润德、以美激智、以美健体、以美益劳。

本书的编写由主编田桂娥负责拟定编写大纲，全体副主编张凌云、杨久东、尹利文、薛秀秀分工编写，具体章节分工：第一章由田桂娥（华北理工大学）、薛秀秀（华北理工大学）、张凌云（华北理工大学）合作编写；第二章、第三章、第四章、第五章、第六章由田桂娥（华北理工大学）负责编写，第七章由尹利文（华北理工大学）负责编写，本书的审阅、校正由杨久东（华北理工大学）负责完成。本书的部分成果来源于2017级、2018级、2019级测绘工程专业学生在课程中的优秀成果，感谢积极上进的测绘学子们；本书的编写得到华北理工大学教务处、学校领导的大力支持，同时得到矿业工程学院领导的支持、测绘系吴长悦等老师在内容取舍上的指导，本书的构思及美育点的提取得到文法学院路瑶老师的指导，在此一一表示感谢！

本书引用了一些网络图片、网页链接等，在此表示感谢。由于编者水平有限，书中存在不足或不当之处，敬请广大读者予以指正，以便我们及时修订完善。

编　者

2021年10月

目　录

第一章　善变的地球

本 章 导 读

本章从美丽的地球家园出发带领大家领略世界著名的风景区和中国超级工程，感悟伟大的自然风景和人类的超级智慧。本章通过视频、图片等介绍了地震、洪水、雾霾等自然灾害，激励学生保护地球家园的决心和意志。我们借助中医“望”“闻”“问”“切”的把脉方法，带领大家找到预防灾害、保护地球的方法。快来看看我们是如何应用现代技术为地球“把脉”的吧？我们通过自然美—自然灾害—为地球把脉的思路，培养学生对自然的热爱，体会人类智慧与创造之美，感悟测绘科技先进之美和脉相的神奇之美，激发学生对测绘专业的兴趣和对专业的认可。

第一节　美丽的地球家园

图 1-1　银河系

银河系中有一个美丽的星球，就是我们的地球，地球是我们赖以生存的星球（见图 1-1）。站在太空观看我们的星球，充满梦幻的蓝色，那是因为全球约四分之一的面积被水覆盖着，有 71％为海洋，陆地占 29％，水总体积约有 13.86 亿立方千米，若扣除无法取用的冰川、高山顶上的冰冠以及分布在盐碱湖和内海的水量，陆地上的淡水湖和河流的水量仅占地球总水量的 1％，就是这 1％的水分养活了全球近 80 亿的人口（截止到 2019 年年底，联合国公布全球人口近 77 亿），我们不禁感叹地球母亲的伟大。大自然的魅力是无穷大的，一幅幅壮丽山河的自然景观不胜枚举，有世界最高山峰——珠穆朗玛峰、以自然景观举世闻名的“美国大峡谷”、风景靓丽的棕榈海滩、美丽的新西兰南岛、拥有独具特色别具魅力的加拿大落基山脉等自然景观……中国古代的人类更是凭借着自己的勤奋和智慧创造出许多震古烁今的伟大工程，这些伟大的工程在现代人看来甚至很难想象和完成，堪称奇迹的造物主，有神秘的埃及金字塔、雄伟的中国万里长城、世界最大规模的宫殿建筑群——北京故宫、世界年代最久远且仍在使用的水利工程——都江堰、世界古代水利建筑明珠——灵渠……如果说古代人类创造的奇迹让人难以置信，那现代的创举更让人瞠目结舌，有当时被称为世界最大的航空

港——北京新机场、有高为 828 米的迪拜哈利法塔沙特王国塔——沙特王国塔、有中国超级工程——珠港澳大桥、有浩大的铁路工程——伦敦 Crossrail 工程、有顶棚可移动的巴黎 FFR 大体育场(见图 1-2 至图 1-15)……

图 1-2 美国大峡谷

图 1-3 美国佛罗里达州棕榈海滩

图 1-4 新西兰南岛

图 1-5 澳大利亚悉尼歌剧院与海港大桥

图 1-6 美国纽约布鲁克林大桥

图 1-7 埃及金字塔

图 1-8 万里长城

图 1-9 北京故宫

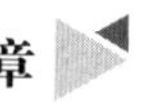

图 1-10　都江堰水利工程

图 1-11　京杭大运河

图 1-12　北京大兴新机场

图 1-13　沙特哈利法塔

图 1-14　港珠澳大桥

图 1-15　巴黎 FFR 大体育场

大自然巧夺天工，给我们带来了自然的美景，人类用自己的双手和智慧又创造了一个个奇迹，使我们的地球更加绚丽多彩。你是不是为生活在地球上而感到无比自豪和幸运啊！

第二节　地球也会生气

地球给我们带来了优美的自然景观、适宜的生存环境和丰富的矿产资源，像生养我们的母亲，呵护着每一个孩子。地球在大多数时候都很平静，一年四季，潮起

潮落都有规律可循。可是,地球也有发怒的时候,火山地震、海啸、洪水泛滥、病毒袭击等总是在人们毫无防备的情况下不期而遇。

一、地球"抖一抖"

生气的地球抖一抖身子,地面上的建筑物就会倒塌,道路就会扭曲变形,还可能引发火灾、水灾、煤气泄漏甚至带来滑坡、海啸等灾难。这就是我们常说的地震。

地震:指地球局部的震动或颤动,伴有造山运动或其他地壳运动。地震主要是由板块与板块之间相互挤压碰撞,造成板块边沿及板块内部产生错动和破裂引起,也有由于人类活动,如工业爆破、核爆破、地下抽液、注液、采矿、水库蓄水等诱发的人工地震。

据统计,地球上每年约发生500多万次地震,即每天要发生上万次的地震。其中绝大多数太小或离我们太远,以至于人们感觉不到;真正能对人类造成严重危害的地震大约有十几二十次;能造成特别严重灾害的地震大约有一两次。从中国地震台网上获悉,2021年5月1—15日期间,我国共发生3级以上地震12次,从表1.1中可以看到,15天内共发生3～4级地震8次,4～5级地震4次(数据来源于"中国地震台网"http://news.ceic.ac.cn/index.html? time=1611823564),5级以上地震未发生。5级以上地震会对建筑等造成一定程度的破坏,地震震级级别越高,破坏程度越大,随着级别增加,破坏程度急剧增大(地震级数与破坏力 https://zhidao.baidu.com/question/53656224.html)。

表1.1 我国地震列表(2021.5.1—2021.5.15)

震级(M)	发震时刻(UTC+8)	纬度(°)	经度(°)	深度(千米)	参考位置
4.7	2021/5/13 11:42	24.43	99.24	8	云南保山市施甸县
4.1	2021/5/12 22:37	37.12	85.08	10	新疆巴音郭楞州且末县
3.7	2021/5/11 6:14	32.5	96.25	10	青海玉树州囊谦县
3.2	2021/5/10 22:44	32.01	102.7	17	四川阿坝州黑水县
3.4	2021/5/8 22:07	41.24	83.78	10	新疆阿克苏地区库车市
3.2	2021/5/8 10:53	43.36	80.81	10	新疆伊犁州察布查尔县
4.3	2021/5/8 5:24	22.66	120.85	10	台湾台东县
3	2021/5/5 15:54	40.86	78.17	10	新疆克孜勒苏州阿合奇县
3.6	2021/5/5 9:51	32.4	104.02	10	四川绵阳市平武县
3.2	2021/5/4 5:57	38.35	75.7	131	新疆克孜勒苏州阿克陶县
4	2021/5/3 19:42	36.62	94.16	10	青海海西州格尔木市
3.1	2021/5/1 19:53	29.03	95.54	9	西藏林芝市墨脱县

你知道历史上有哪些大地震吗？你了解地震的破坏程度吗？让我们一起来了解下(见图 1-16 至图 1-19)。1960 年智利的 9.5 级地震、1976 年唐山里氏 7.8 级地震、“5·12”汶川大地震……破坏性的地震，造成了人员伤亡、房屋倒塌、建筑物被破坏，使无数人失去了家园，甚至一些大地震还会引发海啸、核电站爆炸，如 1960 年智利地震同时引发了海啸、2011 年日本本州岛附近 9.0 级地震引发福岛核电站爆炸。科学家们一直在探索地震产生的机理，可预报地震谈何容易啊？不过科学家们从来没有放弃自己的努力，希望有一天能够实现梦想。

图 1-16　唐山大地震后的唐山火车站

图 1-17　唐山大地震中的救援画面

图 1-18　汶川大地震后场面

图 1-19　海啸

二、地球在“流汗”

地面上的水好似地球的“汗水”：有时候出的“汗”多了，流到一起就汇聚成了洪水；有时候出的汗少，刚好滋润下“皮肤”；有时候地球不出“汗”，整个地球就会干旱。洪水成为另一种破坏程度较大的自然灾害，季节性的区域强降水、流域的地形地貌特征、河流水系特征其主要由暴雨、化雪急剧融冰、风暴潮等自然因素引起的江河湖泊水量迅速增加，或者水位迅猛上涨的一种自然现象，是一种自然灾害。

以长江洪水为例，洪水发生主要与长江中上游山区滥伐森林、植被减少有关，导致流域涵养水源、调节径流、削减洪峰能力降低；水土流失加剧，河床淤高，导致泄洪能力降低；另外在中下游地区围湖造田，泥沙淤积，导致湖泊萎缩，调蓄洪峰的功能削弱有关，洪水一旦导致堤坝决堤，将一泻千里，造成无法估量的损失。

1998 年入夏，长江流域发生了全流域性特大洪水，先后出现 8 次洪峰，有 360 多千米的江段和洞庭湖、鄱阳湖超过历史最高水位；嫩江、松花江发生超历史纪录的特大洪水，先后出现 3 次洪峰，近 670 万群众和数十万军队参加到抗洪抢险中，最终才避免了长江中下游人民生命财产和一批重要大中城市、工矿企业及交通要道被洪水侵袭。

2020 年，我国南方在入汛以来多地发生强降雨，造成多地较严重的洪涝灾害，致使上海、重庆、四川、广西、贵州、广东、浙江、江西、湖南、湖北、安徽、福建等多地受到洪水灾害的影响。大量雨水汇聚还会造成山体滑坡(见图 1-20 至图 1-24)。

图 1-20　三峡大坝泄洪图

图 1-21　1998 年武汉洪水图

图 1-22　武汉抗洪抢险图

图 1-23　2020 年重庆洪水

图 1-24　山体滑坡图

人们焚烧石油、煤炭或木材时都会产生大量的二氧化碳，即温室气体，这些温室气体对来自太阳辐射的可见光具有高度透过性，而对地球发射出来的长波辐射具有高度吸收性，能强烈吸收地面辐射中的红外线，导致地球温度上升，产生温室效应。全球变暖会使冰川和冻土消融、海平面上升等，不仅危害自然生态系统的平衡，还会威胁人类的生存。

同时，人类还在不断地对地下水和矿产资源进行开采，直接导致地下水严重亏空和矿产资源的枯竭，将进一步引起地面下沉。地下水亏空带来地面下沉、地表塌陷，将严重影响地面建筑物的稳定性和人们的生活。

三、“看不见”的杀手

近几年来，口罩对每个人和每个家庭来说，已经是常备物资。雾霾、新冠肺炎的出现，让我们每个人都自觉地戴起口罩来防护这“看不见”的杀手。

“雾霾”是雾和霾的组合，雾(Gog)指水蒸气凝结成的小水点；霾(Haze)，又称大气棕色云，空气中因悬浮着大量的烟、尘等微粒而形成的混浊形象，如图 1-25 所示，雾霾下的城市一片模糊，使得城市和城市里的人，没精打采。很难想象，这么多的尘埃是哪里来的，又将去向何方？雾霾使得蓝天白云成为奢侈品，图 1-25 和图 1-26 形成鲜明的对比。

图 1-25　雾霾下的城市

图 1-26　城市的蓝天白云

2004 年 6 月 29 日，“雾霾”一词开始在天气新闻中出现。2012 年 2 月 29 日，我国发布新修订的《环境空气质量标准》，增加了细颗粒物(PM2.5)监测指标。2015 年 1 月 1 日起，新修订的《中华人民共和国环境保护法》对雾霾等大气污染治理做出了更多有针对性的规定。2015 年 12 月 8 日，北京首次发布雾霾红色预警，全市范围内实施机动车单双号行驶。雾霾影响了我们的生活，出门戴口罩，家里或密闭空间开启了空气净化器，可大家想过这些空气污染物来源于哪里吗?，工业排放的废弃物、北方冬天烧煤排放的烟雾、汽车尾气等，都在我们身边，让我们不禁担心起我们生活的环境(见图 1-27、图 1-28)。为了治理环境，我国推出一系列改进措施：整顿化工企业、农村供暖实行煤改气、汽车实行单双号……为了一个目的——“保护地球家园”，实现习近平总书记提倡的“绿水青山就是金山银山”。

图 1-27　工业废弃物

图 1-28　城市交通

空气污染物质的扩散、侵蚀还会造成大气臭氧层被破坏和减少，严重了会导致臭氧层空洞，臭氧是抗击太阳能辐射紫外线、保护地球生物圈最有效的“保护伞”，保护环境越加重要。

如果说地震、洪水和臭氧空洞是地球的一种“情绪”发泄，那么 SARS、新冠肺炎等可以理解为是地球的一次感冒。2003 年的非典病毒、2019 年年底的新冠肺炎，给社会经济发展、人们生活带来了极大不便，直接威胁着人们的生命财产。

第三节　如何为地球把脉

把脉又称为切脉，是中医师用手按病人的动脉，根据脉象，以了解疾病内在变化的诊断方法。由于脉为血之府，贯通全身，所以体脏腑发生病变，往往反映于脉，有时在症状还未充分显露之前，脉象已经发生了改变。所以，把脉作为中国的传统文化流传至今，深受人们的信赖。

中医把脉时讲究望、闻、问、切(见图 1-29)。望：指观气色；闻：指听声息；问：指询问症状；切：指摸脉象，合称四诊。如果能够给地球把把脉，在地球生病或生气之前，根据地球传递给我们的脉象为地球诊断，我们就可能将地球的发病源头扼杀在摇篮中，也就不会有那么多的灾害或灾难发生，那让我们一起来看看是否能够为地球把脉吧。

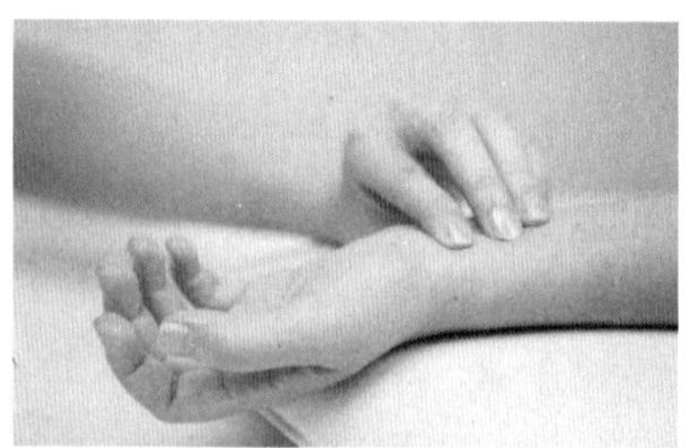
图 1-29　中医把脉

1. 望

地球平均半径 6370 km，在银河系中虽然不算大，但是对我们人类来说，这个体积已算是庞然大物，要看全看细确实需要一些特殊手段，如全站仪、三维激光扫描仪、GNSS、遥感技术、测深仪、雷达等，甚至借助研究外太空的星体来研究地球，如 VLBI（见图 1-30 至图 1-33）。

图 1-30　农业遥感

图 1-31　VLBI 接收器

图 1-32　遥感卫星

图 1-33　三维激光扫描仪

2. 闻

当地壳板块相互挤压时，断层附近的应力逐渐增加，岩石在强大压力下破碎，由此产生的震动波传到地面就是地震。在大地震发生前，板块挤压处岩石的破碎会持续发生，如果岩石缝隙里藏有天然气，这些气体会被释放出来。天然气的主要成分是甲烷乙烷，本身无色无味。但古代海洋生物残骸在地壳中生成石油和甲烷的同时，它还会产生类似二氧化硫、硫化氢以及异戊烷等物质，这些东西从海底溢出后，人们就能闻到一些奇怪的味道（见图 1-34、图 1-35）。

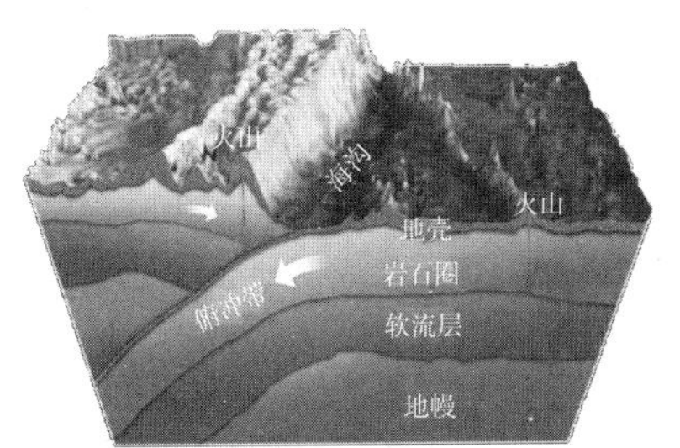

图 1-34　板块挤压会释放岩石中的气体

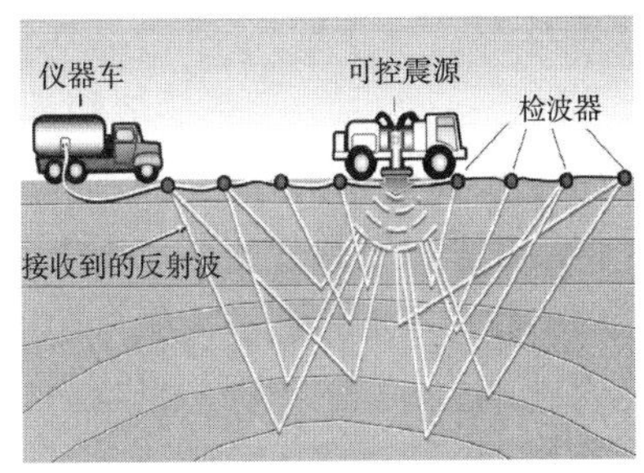

图 1-35　地震勘探示意图

3.问

中医通过询问病人的一些情况，记录下数据，以此来对病人的情况进行诊断。而地球中各种自然现象的发生同样可以通过一些天然数据来对某些自然灾害进行判断，实现“中医”的“问”。很多灾害都有一定的前兆，称为灾照。人们根据灾照已经多次成功的对灾害的发生做出了预测。例如，1975 年初，通过收集辽宁海域地区的大量异常现象，如井水变浑变味儿(这也可称为“闻”的过程)，冬眠的蛇出洞冻死，家禽家畜出现习性反常等，由此做出判断，也正是根据这些数据科学家们准确实施“切”的过程，做出了及时且准确的预报(参考“地理 自然灾害与防治”)。

搜集、管理中国气象局 CIMISS 和 CMACAST 卫星下发接收系统的实时数据，获取准确及时环渤海气象观测站数据信息，为环渤海相关用户做气象服务，为提高气象预报准确率提供及时的技术支撑，对突发灾情的预报预警具有一定的参考意义(李永超，2018)。随着遥感卫星的发射，高分卫星带来的遥感数据分辨率越来越高，已经在我国的许多领域内得到了广泛应用。在农业生产方面，利用卫星数据可以对农作物的种植面积、长势情况作出监测，对自然灾害影响农业生产的程度做出评价。在防灾减灾方面，卫星数据结合无人机数据可以反映森林火灾、湖泊海洋生态灾害、地震等自然灾害的整体态势，为救灾调度工作提供不可替代的信息支持，如森林或一些无人区失火，通过遥感图像“望”到火区后，融合极轨卫星遥感火点数据、气象监测和预报预警数据、空间地理信息及应急资源等数据，分析疑似火点任意范围内距离最近和受山火影响最严重的电力设施，依此来研判山火发展趋势和营救路线等(孙世军，2017)。

任何事务的发生都有其原因、影响因素及事务间千丝万缕的联系，总可以通过问讯事务本身发生的一些要素或周边事务的关系来推断该事务发展的可能趋势或结果，这在中医行医与自然灾害预报中均起着至关重要的作用。

4.切

中医通过“望”“闻”“问”的过程，对病人病情做出准确的研判。自然界中科学家们通过对收集的各类数据进行综合分析、研判，进一步预估自然灾害发生的时间、地点、强度等，这就是自然科学家对自然的“切”。“问”和“切”的过程紧密相连。有了“望”“闻”“问”“切”的过程，最大限度地降低我国的自然灾害发生的概率。如在地震监测和预报中，地球物理学家将地震台站作为“耳朵”，将地震作为“手”，利用地震台站“听”到地震产生的振动，通过地震波进一步分析“切”出地球内部结构，因此地震也被称为照亮地球内部的“明灯”。

探知地球内部结构的方法跟我们挑西瓜的方法相似，为了挑到好吃的西瓜，我们通常要用手拍，然后用耳朵听。这种方法的测试原理是声波在介质中的传播受介质密度和弹性模量的影响。因此，可以找到拍打西瓜所获得的声波与西瓜品质之间的关系。通过这种方法，我们可以分析在不切割西瓜的情况下敲击西瓜所获

得的声波，并检测西瓜的成熟度和内在品质。这种方法很重要，因为我们不可能通过一场“地心历险记”了解地球内部的结构参数。通过地震仪、应变仪、重力仪、GNSS记录地震产生的振动，可获得地球内部的地震波速度变化，进而得到地球的内部结构特征，这就如同对地球做了一次“CT”。朱日祥院士团队用了10余年的时间“把脉”地球，其间在国内布置了密集的流动地震台阵，给华北克拉通做了一个“CT”，对华北地区的克拉通破坏给出了科学的解释，成为经典“板块构造理论”的重要补充。

在我们生活中，天气预报可以预报到小时，为我们的生活带来很多便利，特别是一些大的雨雪天气、大风等恶劣天气，气象局均能提前进行预报，为我们的出行提供便利。天气的准确预报，与气象卫星、气象站采集综合数据分析密切相关。搜集大量、准确地数据，是科学家进行自然灾害预报的基础，也是最核心的一步。

看到这些，你是不是觉得科学家均上知天文下晓地理？可别被他们吓住了。科学家并不是什么都懂？如果真是这样，他们就不用做实验了。实际上我们的科学家还有很多疑难没有解决，还有很多不知道或不理解的问题，需要年轻一代去解决。

地震波来自其母地震和传播沿途的地质环境，因此借由研究地震波，人类就有机会回推了解地震的起源与周围的地质构造，推进地震预警、建筑设计乃至矿业工程的进展。换句话说，研究地震波，除了解地震本身外，还可以一窥地球内部奥秘。

地震波主要分为两种，一种是面波，一种是体波。面波只在地表传递，体波能穿越地球内部。在地球内部传播的地震波称为地震体波，分为纵波(P波)和横波(S波)。由于纵波在地球内部传播速度大于横波，所以地震时，纵波总是先到达地表，而横波总落后一步。这样，发生较大的近震时，一般人们先感到上下颠簸，过数秒到十几秒后才感到有很强的水平晃动。横波(S波)是造成建筑破坏的主要原因(见图1-36)。

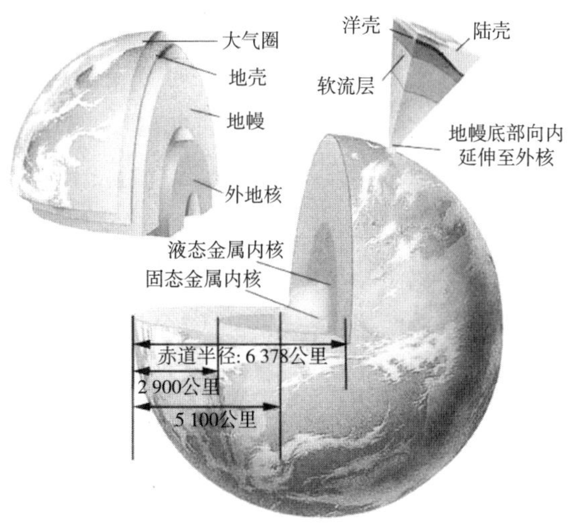

图1-36　地球内部结构示意图

既然地震波如此重要，有什么仪器可以观测并记录地震波吗？地震仪，是地球科学观测必不可少的设备之一。正是因为地震仪的研制和应用，使得我们对赖以生存的地球有了更加清晰、明确的认识。除了地震仪以外，重力仪、应变仪等也可以记录地震信号（见图-37 至图 1-39）。

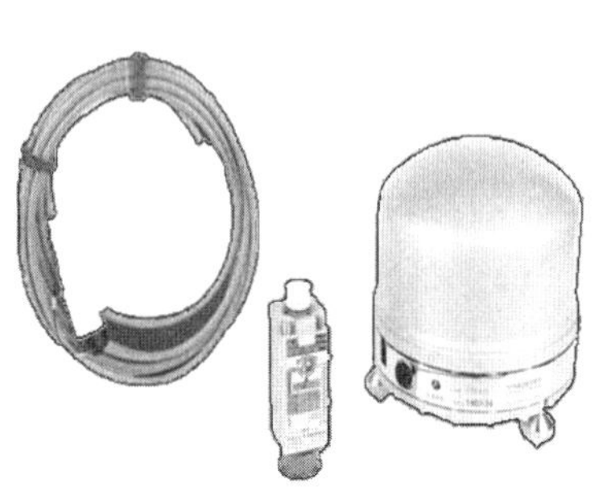

图 1-37　STS-2 宽频带地震仪

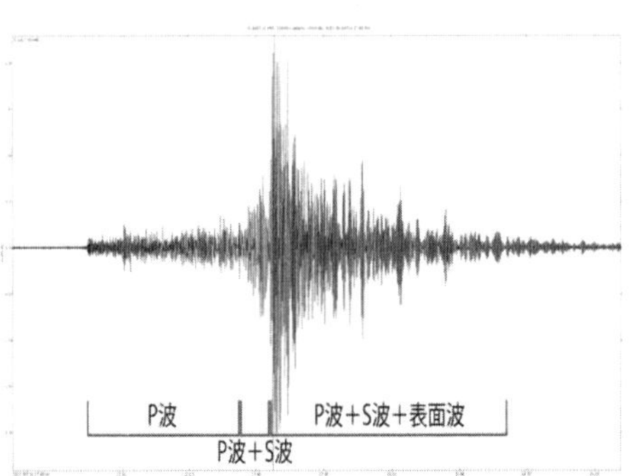

图 1-38　宽频带地震仪记录的地震波

图 1-39　iGrav 超导重力仪

学 习 小 结

本章从美丽的地球家园出发，带领大家领略世界著名的风景区和中国超级工程，感悟伟大的自然风景和人类的超级智慧。通过视频、图片等介绍了地震、洪水、雾霾等自然灾害。借助中医的望、闻、问、切把脉方法，带领大家找到预防灾害、保护地球的方法，通过自然美—自然灾害—为地球把脉的思路，培养学生对自然的热爱，体会人类智慧与创造之美，感悟测绘科技先进之美和脉相的神奇之美，激发学生对测绘专业的兴趣和对专业的认可。

思 考 题

1. 通过观看超级工程视频，你还知道哪些超级工程？从中能体会到人类哪方面的伟大之处？

2. 从人类在拯救自然环境中，你体会到了人类的哪些精神之美？

3. 人类在监测自然环境的过程中，你是如何体会科学技术先进之美的？

关 键 词 语

地震(Earthquake)

人工地震 (Artificially earthquake)

地震波 (Seismic Wave)

地震面波 CSurface Wave)

勒夫波 (Love Wave)

瑞利波 (Rayleigh wave)

第二章　珠峰测量的神奇之处你了解吗？

本章导读

珠穆朗玛峰是喜马拉雅山脉的主峰，是地球上第一高峰，有地球“第三极“之誉。你了解珠峰名字的含义吗？珠峰是如何形成的？珠峰现在的自然状况如何？为什么珠峰吸引了那么多的登山爱好者和测量工作者？它有哪些神奇之处呢？珠峰“身高”现在是在长高还是在变矮？它的“身高”是相对于哪个基准面来测量的？测量珠峰曾用过哪些测量手段？每个国家费时费力都在试图测量珠峰的高度，测量珠峰对我们有什么重大意义吗？本章将带领你从珠峰的地质地貌中欣赏巍峨的珠峰之后，详细讲述珠峰高程的测量的原理，以 2020 年珠峰测量详细了解珠峰的测量步骤，体会珠峰测量的精神。本章将带领你从珠峰的地质地貌中欣赏巍峨的珠峰之后，详细讲述珠峰高程的测量的原理，以 2020 年珠峰“身高”测量为例，详细了解珠峰的测量步骤，体会珠峰测量的精神。欣赏珠峰自然之美、了解珠峰测量过程是本章之本，感受测绘技术的先进、国家实力的强大及测量工作者英勇无畏和爱国精神是本章之魂。

第一节　带你走近珠峰

你知道珠峰的年龄吗？珠峰又是如何隆起的？珠峰身高有何变化吗？在漫长的岁月中，神秘的珠峰演绎过哪些故事？让我们带你一起走进珠峰去了解个明白吧（见图 2-1）！

图 2-1　珠穆朗玛峰（引自《再测珠峰》）

珠穆朗玛峰是喜马拉雅山脉的主峰，是地球上的第一高峰，有地球“第三极“之誉(见图 2-2)。珠穆朗玛峰位于中国西藏自治区与尼泊尔王国交界处的喜马拉雅山脉中段，北纬 27°59′15.85″，东经 86°55′39.51″，北坡在中华人民共和国西藏自治区的定日县境内，南坡在尼泊尔王国境内。藏语名称：Chomolungma，“珠穆”是女神之意，“朗玛”是第三的意思，因珠峰附近还有四座山峰，珠峰位于第三，“珠穆朗玛峰”意为“神女第三”；尼泊尔名称：Sagarmatha，意为为“天空之神”；西方称呼：Everest。

图 2-2　巍峨的珠峰

珠穆朗玛峰山体呈巨型金字塔状，威武雄壮昂首天外，珠穆朗玛峰所处地区，由于气候寒冷，多年积雪堆积形成自然冰体，这些冰体以错落分布的高峰为中心，整体呈辐射状分布，形成了中纬度地区特有的山地冰川，总面积达 1457.07 平方公里，平均厚度达 7260 米。冰川的补给主要靠印度洋季风带两大降水带积雪变质形成。冰川上有千姿百态、瑰丽罕见的冰塔林，又有高达数十米的冰陡崖和步步陷阱的明暗冰裂隙，还有险象环生的冰崩雪崩区(见图 2-3 至图 2-6)。

图 2-3　珠峰周边群峰

珠峰不仅巍峨宏大，而且气势磅礴。在它周围20公里的范围内，群峰林立，山峦叠嶂。仅海拔7000米以上的高峰就有40多座，较著名的有南面3公里处的洛子峰(海拔8516米，世界第四高峰)和海拔7589米的卓穷峰，东南面是马卡鲁峰(海拔8463米，世界第五高峰)，北面3公里是海拔7543米的章子峰，西面是努子峰(7855米)和普莫里峰(7145米)。在这些巨峰的外围，还有一些高峰遥遥相望：东南方向有世界第三高峰干城嘉峰(海拔8585米)；西面有海拔7998米的格重康峰、8201米的卓奥友峰和8046米的希夏邦马峰，形成了群峰来朝、峰头汹涌的波澜壮阔的场面。

图2-4 洛子峰

珠穆朗玛峰气候具明显季风特征。冬半年干燥而风大，为干季和风季。夏半年为雨季。4～5月和10月是两个过渡季节，天气晴朗温和，为攀登珠穆朗玛峰的黄金季节。珠穆朗玛峰南北坡气候差异很大，南坡降水丰沛，具有海洋性季风气候特征；北坡降水少，呈大陆性高原气候特征。珠穆朗玛峰地区的垂直自然带谱南翼属热带山地性质，北麓的高原湖盆无森林，为典型的草原景观。

图2-5 珠峰的冰塔林

珠穆朗玛峰虽然气候多变,却形成了它特有的美景。如位于珠峰脚下 5300～6300 米的珠峰冰塔林,它是世界上发育最早、保存最完好的刻有冰川形态。在海拔 5800 米左右的冰川上,到处呈现石柱、石笋,极目所见,一片洁白,无数神奇的天工造物,让人目不暇接。在大自然的雕塑下,冰塔林更是千姿百态,有的形似雄伟壮观的金字塔,有的如雨后春笋,有的像利剑直插蓝天,有的似长城蜿蜒千里。

珠峰的美景,令人向往。

从小我们就被教导,珠穆朗玛峰是世界最高山峰,为什么我们非要攀登这座高峰?我国是从什么时候开始攀登这座高峰呢?攀登这座险要的高峰对我们有什么重要意义吗?

珠穆朗玛峰是地球的最高点,也是我国最高峰,珠峰高程受到世界各国的关注。从 1847—2005 年人们进行珠峰高程测量已经历 10 次之多。(资料来源:张鹏等.2005 珠峰高程测量)

珠峰测量,1960 年中国与尼泊尔进行边界谈判时,对珠峰的归属产生争议,尼泊尔宣称中国人从来没有登上过珠峰,凭什么说珠峰是中国的?为了给边界谈判增加优势,中国人必须登顶!1960 年 5 月 25 日,中国登山队带着中国人的嘱托和希望,首次完成了珠峰登顶,创造了世界登山史上的壮举。在珠峰峰顶插上中华人民共和国国旗,向外界展示了中国实力。

图 2-6　1960 年登峰英雄人物

从 1852 年英国人首次珠峰测量开始,在这之后的一百多年间,珠峰的高程数据、地理资料,一直被外国“测量权威”所垄断,我国不得不延用那些不确定的数据。由此可见精准的珠峰高程测量成果不仅是国家综合实力和科技发展水平的体现,更是国家主权的象征,具有重大国际影响和社会意义。

1975 年 5 月 27 日,中国再次登顶,对珠峰进行了精确测量,测得珠峰海拔高程为 8848.13 米。这一数据得到了全世界的认可,成为权威数据;2005 年,中国测绘工作者又一次对珠峰数据进行测量和更新,确定珠峰岩面高程 8844.43 米,这一数据再次成为全世界最权威的数据。2020 年 5 月，中国测绘工作者组织了第三次珠峰登顶测量，2020 年 12 月 8 日，中尼两国元首共同宣布珠峰的最新高度为 8848.86 米，这一数值既是珠峰新高程的代表，又是中尼两国友谊的象征。

从科学意义看，登顶的目的不单单在于征服珠峰高度，珠峰测量的过程是艰苦卓绝而又壮丽辉煌的过程，是人类认识地球、了解自然的过程，也是人类检验科技水平，探索科技发展的过程，更是人类不断进取，挑战自我的过程，是中国综合国力的体现，它凝聚着中国测绘人的智慧和汗水，传承着勇攀高峰、不断探索无私奉献的精神。

第二节　珠峰的“身高”原来是这样测量出来的

2020 年珠峰的最新高程为海拔 8848.86 米，这里的“海拔”和平时说的“高程”是一回事吗？这些高程又是如何测量出来的呢？这些高程又能帮助我们解决那些问题呢？

一、海拔与高程基准

(1)海拔

简单来说，高程就是某点到某个基准面的距离，当基准面为大地水准面（见第一章）时，就是我们常说的海拔，又称为绝对高程、正高，即地面上一点到大地水准面的铅垂距离，如图 2-7 所示，点 A、B 的海拔为 H_A、H_B。受太阳、月球等天体的影响（见图 2-8），地球受到潮汐的影响会出现涨潮、落潮现象，再加上风浪等影响，使得海平面在不断变化，为了更好地确定平均海平面的位置，一般在海边设立验潮站，进行长期观测后获取平均海水面的位置，并取平均海水面作为高程起算面，即平均海水面的高程为零（见图 2-9）。

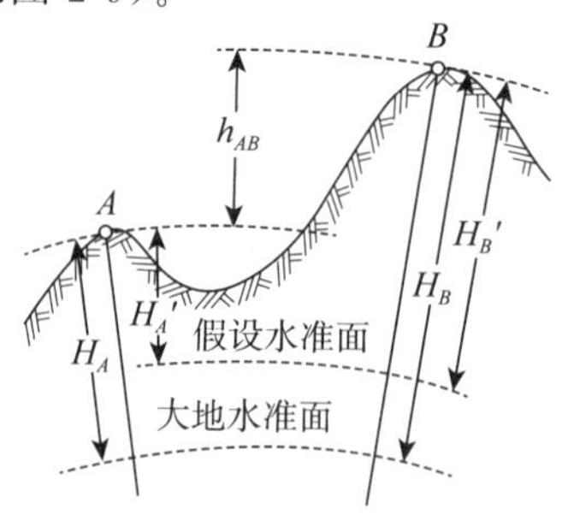

图 2-7　高程与高差

摘自汪金花等《测量学基础教程》

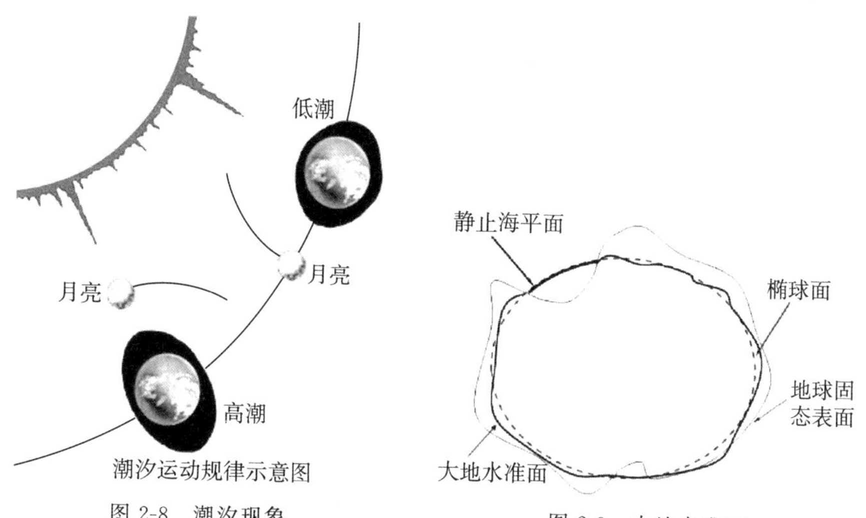

图 2-8 潮汐现象

图 2-9 大地水准面

由于地球表面起伏不平和地球内部质量分布不匀，所以大地水准面是一个略有起伏的不规则的物理曲面，大地水准面确实存在，但是无法确定的其准确位置，人们为了研究的方便，引入一个规则的参考椭球，如图 2-10 所示。根据不同地区的拟合情况，参考椭球可分为多个，相应的参考椭球面也有多个，某一参考椭球面符合椭圆标准方程，如下：

$$\frac{x^2}{a^2}+\frac{y^2}{b^2}=1 \tag{2-1}$$

以参考椭球面为基准的高程称为大地高，采用 GPS 观测可直接获得其大地高高程。

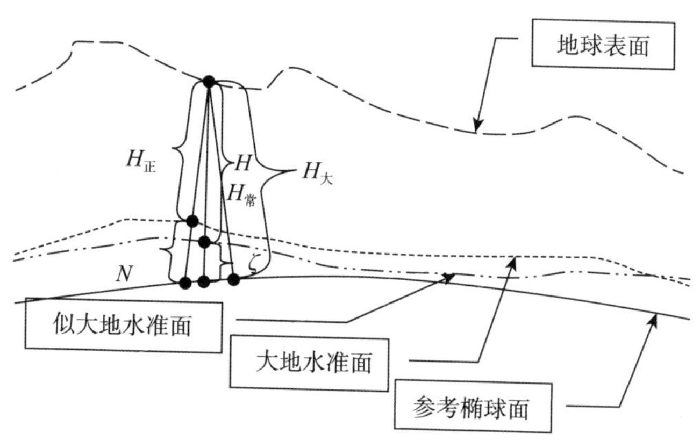

图 2-10 高程系统图

高程基准面除了外业使用的大地水准面外，还有用于内业计算的参考椭球面

和用于辅助计算的似大地水准面。高程基准面不同，便得到不同的高程，如某点的铅垂线与似大地水准面之间的距离，称为该点的正常高，地面上某点沿通过该点椭球面法线到参考椭球面的距离，称为该点的大地高。

(2)国家高程基准

如果求校园内某教学楼顶某点的海拔高程，真的要从平均海水面开始测量吗？平均海水面又该怎么确定呢？

为了更方便求得各点与高程基准面的高差，我国在青岛观象山上建立水准原点 H，如图 2-11 所示。新中国成立后我国采用黄海平均海水面作为高程基准面，并先后采用 1956 黄海高程系和 1985 国家高程基准，两次高程之差为 0.029 米，如图 2-12 所示，为了统一全国的高程系统，全国都应以新的水准原点高程为准。建立水准原点的目的是将水准原点作为已知高程的起算点，来求其他待定点的高程。

图 2-11　水准原点

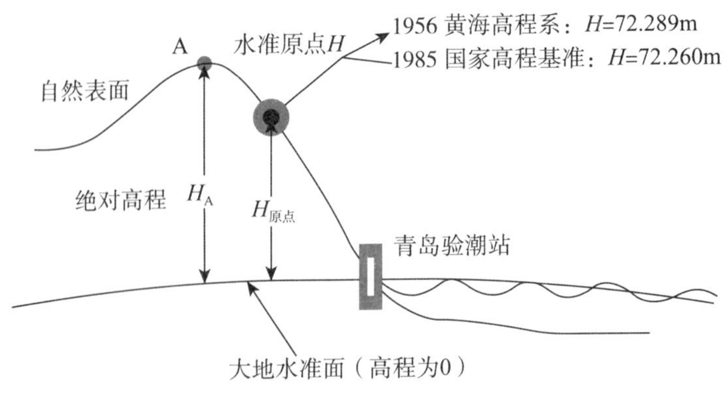

图 2-12　绝对高程原理示意图

二、高程测量原理——高差法

如图 2-12 所示，如果已知水准原点的高程，如何求得 A 点高程呢？仔细观察图 2-13，能发现其中的奥秘吗？这就是高程测量的常用方法——高差法，若已知 A 点(A 为甲从地面到头顶的高度)高程，又已知 A、B 两点(B 为乙从地面到头顶的高度)高差，很方便求得 B 点高程。

试问那么险峻的珠峰，其高程测量是如何以水准原点为基准，一步步测量得到的呢？

图 2-13　高程求解模拟示意图

我们以 2020 年珠峰测量为例，讲述珠峰测量的过程。2020 年珠峰测量综合采用 GBSS 测量、光电测量、重力测量、卫星遥感、精密水准测量、激光雷达测量、天文测量、似大地水准面精化等多种传统和现代测量技术。2020 珠峰高程采用 1985 国家高程基准，利用精密水准测量，建立覆盖全国的高程控制网，获得全国一等水准点高程。这次珠峰高程测量是从日喀则的一等水准点起测，将高程传至珠峰脚下的六个交汇点，登顶队员完成觇标的架设后，六个交汇点的测量人员，采用三角高程测量和交会测量进行高程测量，具体步骤如图 2-14 所示。经所有登山队员、测量者及所有为珠峰做准备的人员的共同努力，登顶测量人员终于成功登顶，登顶后测量人员还要架设 GNSS 接收设备获取珠峰峰顶几何位置，在珠峰峰顶和珠峰外围开展重力测量和航空重力测量，为珠峰区域重力场模型构建和似大地水准精化提供重要基础数据，冰雪探测雷达对冰雪层厚度进行准确探测，最后这些测量数据都将被传送至西安，进行严密的综合处理，最后获得珠峰高程。

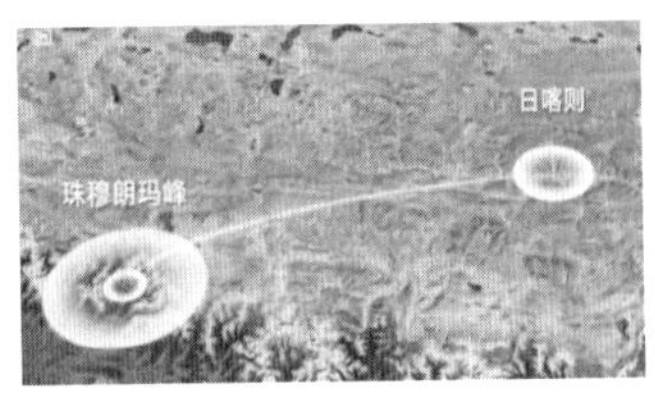

(1)从日喀则一等水准点进行精密水准测量将高程引至珠峰脚下 6 个交汇点。

(2)从 5200 米大本营出发抵达 5800 米中间营地。

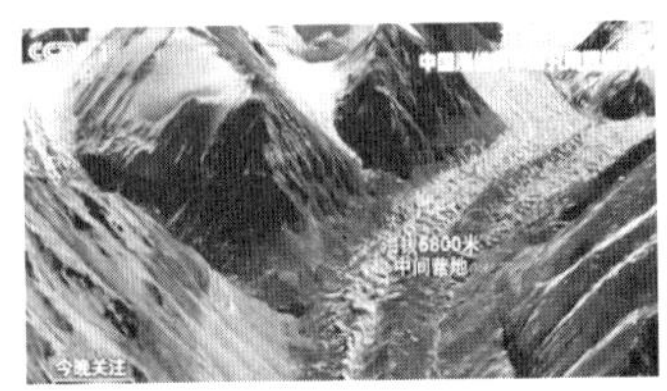

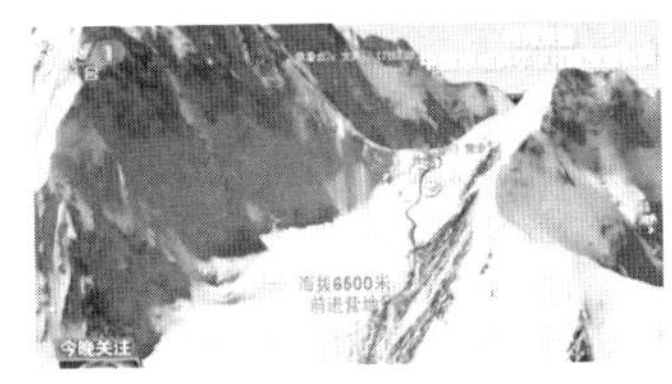

(3)从(2)出发,到达海拔 6500 米的前进营地。前进营地氧气稀少,测量队员高原反应强烈,需在此作休整。

(4)从(3)出发,途经海拔 7028 米的一号营地、7790 米的二号营地,达到 8300 米的三号营地。

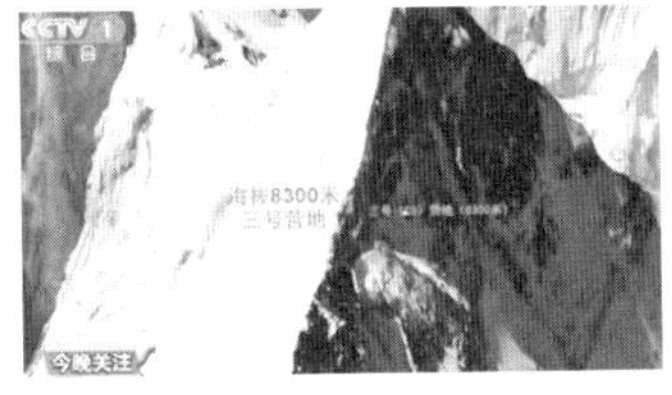

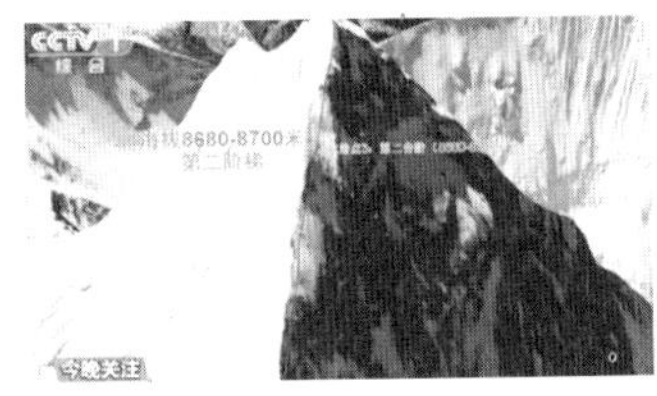

(5)经过海拔 8680～8700 米的第二阶梯向峰顶冲击。

(6)峰顶架设觇标 与 6 个交汇点同步开展测量。

图 2－14　2020 珠峰测量的主要步骤

本次珠峰测量同时使用了多项现代测量技术手段,获得了更加可靠的测量数据,实现了多个创新和突破。本次珠峰测量全面应用了我国北斗卫星导航定位系统,实践证明,北斗卫星接收的卫星数量也非常多,完全可以满足要求。此次测量实现了人类首次在珠峰峰顶进行重力测量,可获得更精确的珠峰高程,同时获得成果可用于地球动力学板块领域研究,其中精确的封顶雪深、气象和风速等数据,可为冰川检测、生态环境保护方面的研究提供第一手资料。本次珠峰测量再次突显出我国先进的测绘技术,是技术与智慧的结晶,进一步彰显了我国测绘队员相互合

作、相互配合、不怕牺牲的精神及浓浓的爱国之情。珠峰测量是每一个中国人的骄傲。

学习小结

珠峰是世界第一高峰，本章从珠峰的地质、地貌及珠峰的环境进行了简单介绍，让人欣赏到了珠峰的美景。从珠峰高程的多次测量引入珠峰高程测量原理，并详细介绍了2020珠峰高程测量的步骤。通过珠峰测量的过程，使每一位读者能深切感受到祖国实力的增强和测绘技术的不断进步，被每一个珠峰测量者身上的珠峰精神所感染。珠峰测量成果固然重要，珠峰测量过程中体现出来的坚强意志和爱国情怀更加重要。

思考题

1.从人类征服珠峰的历史中，你能从哪些地方体会人类征服自然的决心和意志之美?

2.通过观看珠峰的自然景观，你能从哪些地方体会自然界的伟大力量之美?

3.深刻挖掘生活中的实例，谈谈在我们的学习生活中有哪些方面能体现珠峰精神之美?珠峰精神如何影响我们今后的学习和生活?

关键词语

海拔 altitude

高程基准面 altitude datum

第三章 “南辕北辙”真的能实现吗？

本 章 导 读

本章从历史典故“南辕北辙”出发，分析了南辕北辙的深刻内涵，从此基础上出发，分析是否真的能够实现南辕北辙。本章介绍了距离测量的历史，从距离测量的各类方法中领悟人类科技的进步和测绘技术水平的发展。你知道地球表面的弧长和我们平时计算的两点间的最短距离有什么区别吗？弧长计算一般常应用在哪里？该如何快速、准确地计算出来呢？本章将带你到地球表面周游一圈，亲身体会下南辕北辙是否真的能够实现。通过本章的学习，帮助学生掌握弧长计算原理和方法，感悟数学的伟大，程序的先进，以及南辕北辙故事中的思辨之美。

第一节 “南辕北辙”的深刻内涵

图 3-1 南辕北辙的故事

南辕北辙（见图 3-1）：出自《战国策·魏策四》，故事讲的是有一个人甲在上朝的时候，在大路上遇见了乙，乙正在面朝北面驾着他的车，他告诉甲说：“我想到楚国去。”甲很吃惊地说：“您到楚国去，为什么往北走呢？”乙说：“我的马很好。”甲说：“你的马虽然很好，但这不是去楚国的路。”乙说：“我的路费很多。”甲说：“你的路费虽然多，但这不是去楚国的路。”乙说：“我的马夫善于驾车。”这几个条件越好，就离楚国就越远罢了。成语的直接意思告诉我们想往南走而车子却向北行，比喻行动和目的正好相反。

让我们一起来分析一下，假设乙要到 A 地去，如果乙与 A 国在一椭球表面，若乙所在位置为 B′点，这时要到楚国去，如果沿着箭头的反方向走，即成语中南辕北辙的方向，这时会适得其反，直观上造成行动与目的相反，最终导致到达目的地越来越晚。如果乙所在位置在 B，这时要到 A 去，如果沿着箭头的反方向走，反而会

比沿着箭头方向更早达到 A 地。如果乙与 A 在一个平面上,乙只有沿着红色箭头的方向才能达到 A,否则只能离目的地越来越远。

这个故事表面含义告诉我们,无论做什么事,都要首先看准方向,才能充分发挥自己的有利条件;如果方向错了,那么有利条件只会起到相反的作用。做事不能背道而驰,要根据实际情况来实施,方能取得理想效果。这个故事也让我们看到了事物的两面性,如果由于一些原因没有或不能遵照其标准方向,行动与目的正好相反,这时也不要太灰心,当事情发展到一定程度时,会适得其反,也能达到我们的目的。另一方面,这个例子也告诉我们,如果我们生活的家园是在地球表面,南辕北辙是可以实现的,具体南辕北辙是如何实现的呢?

地球为球体,南辕北辙就一定能实现,那么南辕北辙后多行走了多长距离,预计会多久能到达目的地(见图 3-2)呢?下面我们先来了解距离测量的历史,看看距离测量的方法和方式都发生了哪些变化?

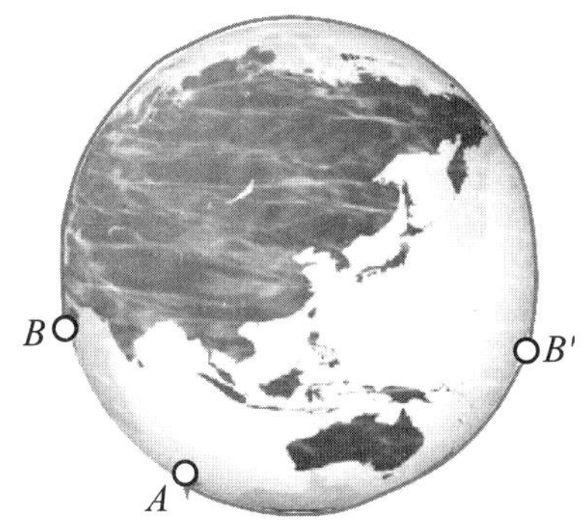

图 3-2　椭球面上的两地

早在两千多年前,埃拉托色尼用天文观测方法测量出了地球周长,测量结果精度之高至今依然令人为之震惊。在尼罗河流经的赛伊尼城中有一口井,在夏至日那天,正午的阳光可以直射井底,不会在井边投下一丝阴影。这一现象引发了埃拉托色尼的极大兴趣,于是在同一日期的同一时间,他测量了亚历山大里亚一根竖杆投下的阴影的长度,据此算出阳光与竖杆之间的角度为 7.2°,即圆周角 360°的 1/50。而亚历山大里亚与赛伊尼城相距 800 千米,根据几何知识,斜射角正是地球弧度造成的。就是说,800 千米的距离,造成了太阳光在亚历山大里亚的 7.2°斜射角,即 7.2°斜射角对应 800 千米的弧长,则圆周 360 度,地球的周长就是 800 千米的 50 倍,即 4 万千米。现在用先进的仪器,测量地球的结果,赤道周长(纬线)40 075.70 千米,子午线周长 40 008.08 千米。两千多年前先人的测量结果与现今的测量结果高度吻合,不能不让人佩服。埃拉托色尼也因此被称为“地理学之父”(见图 3-3)。

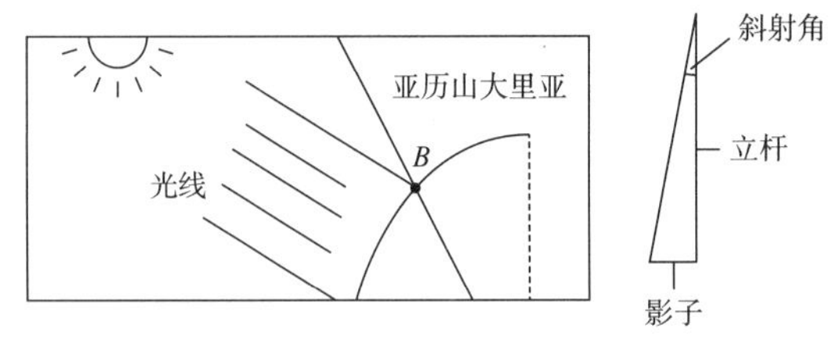

图 3-3　埃拉托色尼测量地球周长原理图

公元前 3 世纪，古希腊的埃拉托色尼（Eratosthenes）用天文观测方法首次推算了地球的周长和半径，证实了地圆说。公元 8 世纪，我国唐代天文学家张遂进行了世界上最早的实地弧度测量，通过测绳丈量的距离和日影长度推算出纬度差为 1°所对应的子午线弧长。1276 年，中国元朝天文学家郭守敬主持了大规模的天文测量，并用球面三角解算天文问题。1608 年，荷兰人汉斯发明了望远镜，随后被应用到测量仪器上，这是测绘科学发展史上一次较大的变革。1617 年，荷兰人斯涅耳（W. Snell）首创三角测量法。随后法国科学院在南美洲的秘鲁和北欧的拉普兰进行了弧度测量，证实了地球是两极略扁的椭球体。1806 年和 1809 年，法国的勒让德（A. M. Legendre）和德国的高斯（C. F. Gauss）分别提出了最小二乘法理论，为测量平差定了基础。20 世纪 50 年代起，新的科学技术如电子学、信息论、激光技术、电子计算机和空间科学技术等迅速发展，推动了测绘科学技术的飞跃发展。随着测距仪、全站仪、测量机器人等的出现，再次提高了测距的精度，那让我们来看看地球弧长、周长是如何测量的吧？

第二节　子午弧长和平行圈弧长

如图 3-4 所示，子午圈（Meridian circle）：包含短轴的平面与椭球面的截线；亦称经圈，经线，子午线。

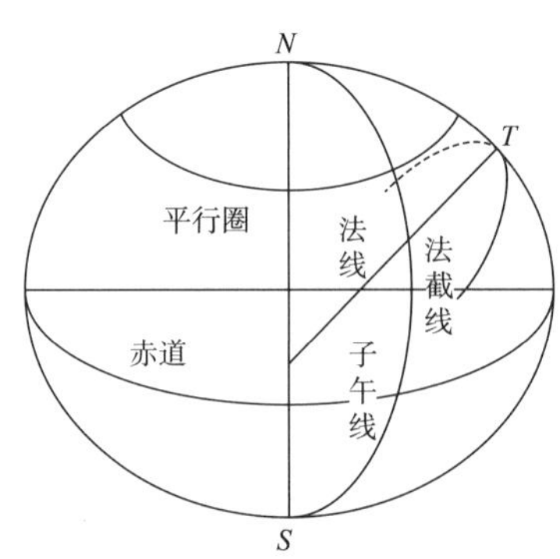

图 3-4　地球椭球相关元素

平行圈(Parallel circle):垂直于短轴的平面与椭球面的交线;亦称纬圈、纬线。最大的平行圈,即过椭球中心垂直于短轴的平面与椭球面的交线,称为赤道。

在进行椭球面上的一些测量计算时,如高斯投影计算,均要用到子午线弧长及平行圈弧长公式,具体让我们来看看是如何推导的。

一、子午线弧长计算

如图 3-5 所示,设子午圈上两点 P_1,P_2,相应的纬度为 B_1,B_2,求 P_1,P_2 间的子午线弧长 X。

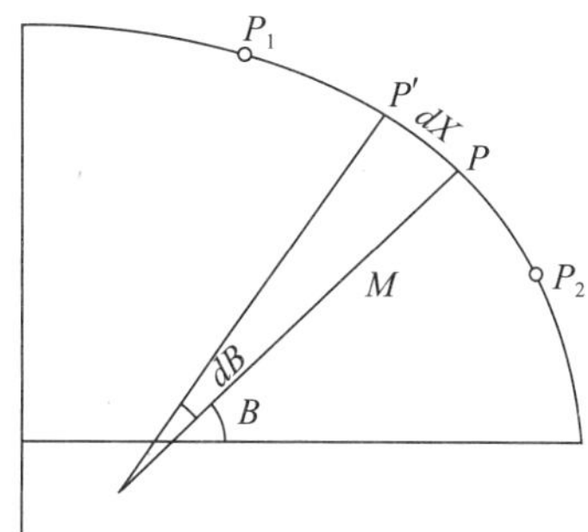

图 3-5 子午线弧长计算原理力

如果子午线是个圆弧,则半径乘以圆弧所对的圆心角即为该弧的弧长。但是,子午线是椭圆弧,要求其弧长,必须用积分的方法。取子午线一微小弧段,即 $PP'=dx$,对应的弧心角(纬度)为 dB。令 P 点纬度为 B,则 P'点纬度为 $B+dB$,P 点子午圈曲率半径为 M,则

$$dx=MdB \tag{3-1}$$

要求 P_1,P_2 间的弧长 X,必须求出下列积分值

$$X=\int_{B2}^{B1}dX=\int_{B2}^{B1}MdB \tag{3-2}$$

根据二项式定理

$$(1-x)^n=1-\frac{n}{1!}x+\frac{n(n-1)}{2!}x^2-\frac{n(n-1)(n-2)}{3!}x^3(+\cdots\ (x<1) \tag{3-3}$$

按照将展成级数,有

$$M=m_0+m_2\sin^2B+m_4\sin^4B+m_6\sin^6B+m_8\sin^8B\text{(取至 8 次项)} \tag{3-4}$$

其中

$$
\begin{aligned}
m_0 &= a(1-e^2) \\
m_2 &= \frac{3}{2}e^2 m_0 \\
m_4 &= \frac{5}{4}e^2 m_2 \\
m_6 &= \frac{7}{6}e^2 m_4 \\
m_8 &= \frac{9}{8}e^2 m_6
\end{aligned}
\tag{3-5}
$$

为了积分方便，往往将正弦的幂函数展开为余弦的倍角函数，由于

$$
\begin{aligned}
\sin^2 B &= \frac{1}{2}-\frac{1}{2}\cos 2B \\
\sin^4 B &= \frac{3}{8}-\frac{1}{2}\cos 2B+\frac{1}{8}\cos 4B \\
\sin^6 B &= \frac{5}{16}-\frac{15}{32}\cos 2B+\frac{3}{16}\cos 4B-\frac{1}{32}\cos 6B \\
\sin^8 B &= \frac{35}{128}-\frac{7}{16}\cos 2B+\frac{7}{32}\cos 4B-\frac{1}{16}\cos 6B+\frac{1}{128}\cos 8B \\
&\vdots
\end{aligned}
\tag{3-6}
$$

将(3-6)带入(3-4)，并整理得

$$M=a_0-a_2\cos 2B+a_4\cos 4B-a_6\cos 6B+a_8\cos 8B \tag{3-7}$$

式中系数

$$
\begin{aligned}
a_0 &= m_0+\frac{1}{2}m_2+\frac{3}{8}m_4+\frac{5}{16}m_6+\frac{35}{128}m_8+\cdots \\
a_2 &= \frac{1}{2}m_2+\frac{1}{2}m_4+\frac{15}{32}m_6+\frac{7}{16}m_8 \\
a_4 &= \frac{1}{8}m_4+\frac{3}{16}m_6+\frac{7}{32}m_8 \\
a_6 &= \frac{1}{32}m_6+\frac{1}{16}m_8 \\
a_8 &= \frac{1}{128}m_8
\end{aligned}
\tag{3-8}
$$

这些系数，都是关于椭球参数的函数，只要椭球确定，其参数大小就确定。

将式(3-8)代入 X 公式中，积分后得，经整理得

$$X=a_0 B-\frac{1}{2}a_2\sin 2B+\frac{1}{4}a_4\sin 4B-\frac{1}{6}a_6\sin 6B+\frac{1}{8}a_8\sin 8B \tag{3-9}$$

这就是子午弧长的一般公式。最后一项$\frac{a_8}{8}=\frac{m_8}{1024}$，总是小于 0.00003 m，可以忽略不计。

对于 1954 年北京坐标系采用的克拉索夫斯基椭球,将其参数代入则得

$$X=111134.8611B^{0}-16036.4803\sin 2B+16.8281\sin 4B-0.0220\sin 6B+\cdots \tag{3-10}$$

对于 1980 年国家大地坐标系采用的 $IUGG75$ 椭球,有

$$X=111133.0047B^{0}-16038.5282\sin 2B+16.8326\sin 4B-0.0220\sin 6B+\cdots \tag{3-11}$$

对于 2000 国家大地坐标系采用的 $GRS80$ 椭球,有

$$X = 111132.95254700\ B^{0} - 16038.508741268\sin 2B + 16.832613.326622\sin 4B-0.021984374201268\sin 6B+3.1141625291648\times 10-5\sin 8B \tag{3-12}$$

如以 $B=\frac{\pi}{2}$代入式(3-10),可得一象限的子午线弧长 Q 为

$$Q=10002137\ \mathrm{m}$$

即一象限子午线弧长约为 10000 km,进而可知,地球周长约为 40000 km。如果按 1800 年德朗布尔椭球($a=6375653$ m,$a=1:334.0$)求得的 Q 正好就是 10000 km。实际上,"米"长的最初定义就是按此椭球一象限子午弧长的千万分之一确定的。现在所用的椭球,其元素精化了,子午弧长精度也提高了。

当弧长较短时(例如当 $X<45$ km,计算精确到 0.001 m 时),可视子午线为圆弧,圆的半径为该弧平均纬度 $B_m=\frac{1}{2}(B_1+B_2)$处的子午圈曲率半径 M_m,而圆心角为两端点的纬度差 $\Delta B=B_2-B_1$,其公式为:

$$X=M_m\frac{\Delta B}{\rho} \tag{3-13}$$

二、平行圈弧长公式

因为平行圈是个圆,所以它的弧长就是所对弧心角(经差)的圆弧长。

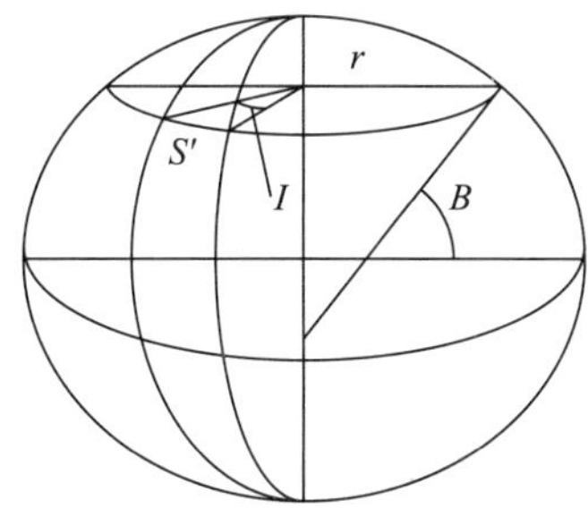

图 3-6　平行圈弧长

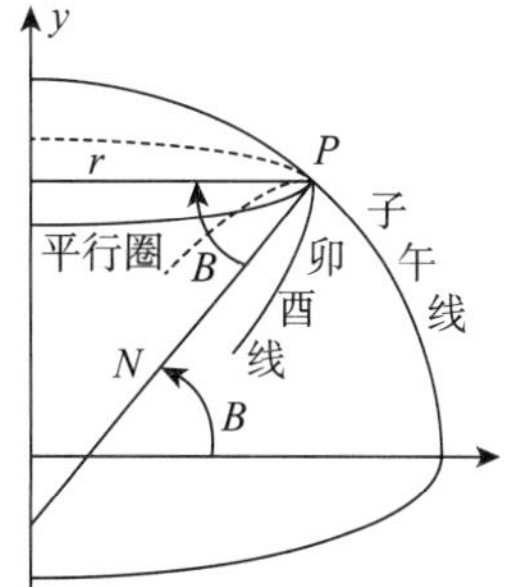

图 3-7　麦尼尔第二定律

如图 3-7 知

$$S'=l\cdot r \tag{3-14}$$

根据麦尼尔第二定律可知

$$r=N\cos B \tag{3-15}$$

式(3-15)带入式(3-14)，得

$$S'=l\cdot N\cos B \tag{3-16}$$

式中，N——卯西圈曲率半径；

B——平行圈所处的大地纬度；

l——弧长 S 所对应的经度差。

由式(3-16)知，相同经差 l 的平行圈长度 S'，因所处纬度 B 不同而不同。

三、单位子午弧长与平行圈弧长随纬度的变化

子午圈曲率半径 M 随纬度的升高而缓慢地增长，所以单位纬差的子午线弧长，随纬度的升高而缓慢地增长，呈现“南短北长”；而平行圈半径 r 随纬度的升高而急剧地缩短，所以，单位经差的平行圈弧长，随纬度的升高而急剧的缩短，呈现“南短北长”，表 3-1 中列出了一些弧长数值。

表 3-1　子午线弧长与平行圈弧长随纬度的变化

B	子午线弧长(m)			平行圈弧长(m)		
	$\Delta B=1°$	1′	1″	1=1°	1′	1″
0°	110.576	1 842.94	30.716	111 321	1 855.36	30.923
15°	110 656	1 844.26	30.738	107 552	1 792.54	29.876
30°	110 863	1 847.71	30.795	96 488	1 608.13	26.802
45°	111 143	1 852.39	30.873	78 848	1 314.14	21.902
60°	111 423	1 857.04	30.951	55 801	930.02	15.500
70°	111 625	1 860.42	31.007	28 902	481.71	8.028
90°	111 696	1 861.60	31.027	0	0.00	0.000

从表 3-1 中，可以看出子午线弧长和平行圈弧长随纬度变化的大致情况：纬度为 1°的子午线弧长约为 110 km，1′约为 1.8 km，1″约为 30 m；而平行圈弧长，仅在赤道附近与子午线弧长大体相同，随着纬度升高，其差别越来越大。

M 与 R 相差不大，在某些近似计算中，可视地球为球体，球面上的弧长和它所对的弧心角有下列对应关系：

(1)1°弧长≈110 km，1′弧长≈1.8 km，1″弧长≈30 m；

(2)1 km≈30″弧长，1 m≈0.03″弧长，1 cm≈0.0003″弧长；

(3)赤道和南北极的纬度差为 90°，子午弧长为 1/4 整个地球子午弧长的长度。当两点间的经差为 90°时，两点间的平行圈弧长为 1/4 整个地球平行圈弧长。当两点间的距离沿着任意方向时，这时可以根据子午弧长和平行圈弧长计算得到，也就是在地球表面时，任何两点间的距离都是可以求得的，也就是我们沿着一个方向前

进,肯定能绕回到原点,根据弧长公式也可以计算出相应距离的大小,现在你还对南辕北辙能实现产生怀疑吗?

我们知道,1 海里≈1.852 km,正好是 1′子午线弧长的值。实际上,海里就是用纬度为 1′的子午线平均长度定义的。

第三节 弧 长 计 算

弧长是地球表面上参考椭球面上弧的长度,由于地球半径约为 6370 km,我们生活在地球表面上,很多情况下我们几乎感觉不到地球的弧度,测量研究表明,在 10 km 范围内地球弧度对距离测量是可以不考虑的,让我们一起来讨论下。

一、弧长的程序计算

我们这里以程序计算 1″对应的子午弧长为例展示弧长计算程序。本程序中没有特别指出地球椭球时,均指的是在同一个椭球下。以下程序由 17 测绘工程 3 班同学采用 MATLAB 程序编写,再此表示感谢。

MATLAB 是美国 Mathworks 公司开发设计的一款为科学和工程计算而专门设计的高级交互式软件包,特别适合于矩阵的相关计算,是从 Matrix(矩阵)和 Laboratory(实验室)两个单词中各提取前 3 个字母组合而成。MATLAB 功能强大且具有固定的工具包。它提供了一个几乎完全开放式的集成环境,通过人性化的人机交互操作来接受用户的输入,还可以与 C#、VB 等程序实现有效衔接,互传数据。MATLAB 界面简洁、功能齐全,它包含了图表的显示与高精度的数值运算,可以方便快捷地完成数据可视化以及各种计算,它具有的优秀数值计算能力和卓越的数据可视化能力,成为线性代数、测量平差、自动化控制、概率论和数理统计、动态系统仿真等领域教学人员、科研学者和学习人员的一个强有力工具。MATLAB 平台又是一个开放的平台,除了部分内部函数之外,几乎所有的 MATLAB 主要文件以及各种工具包文件全都是可读取和改写的源文件,每一位用户都可以学习并掌握它的使用方法,甚至可加入自己编写的程序来制作新的工具包,也可以对其进行二次修改和开发来适应自己的各种个性化需要。程序的实现是一个好的编程平台和详细准确的数学理论的完美结合。

根据公式(3-9),分别输入两点纬度和地球和平径可求得由赤道到点所在纬度处的子午弧长,两者求差后可求得两点间的子午弧长,如图 3-8 所示输入了两点的大地纬度得到两点间弧长(图中长度单位为米)。从图 3-8 可以看到,大地纬度分 60°00′01″和 60°00′02″的两点间的子午弧长为 30.952 米。对比表 3-1 中的数值 60 度纬度附近纬度差为 1″的两点间的距离为 30.951 米,误差为 1 mm,在误差范围内,可以接受。

请思考，在这个程序运行中，还存在哪些问题或应该注意哪些事项？

(1)大地经纬度中，分和秒可以取任意数值吗？

(2)大地纬度，有取值范围吗？南北纬中，纬度该如何表示呢？

(3)外业测量时，如采用全站仪采集数据时，每次会采集很多数据，如果要计算两点间的弧长，你会采用输入数值的方法来就算弧长吗？

(4)程序运行结果是否有检验数据，程序计算精度如何？

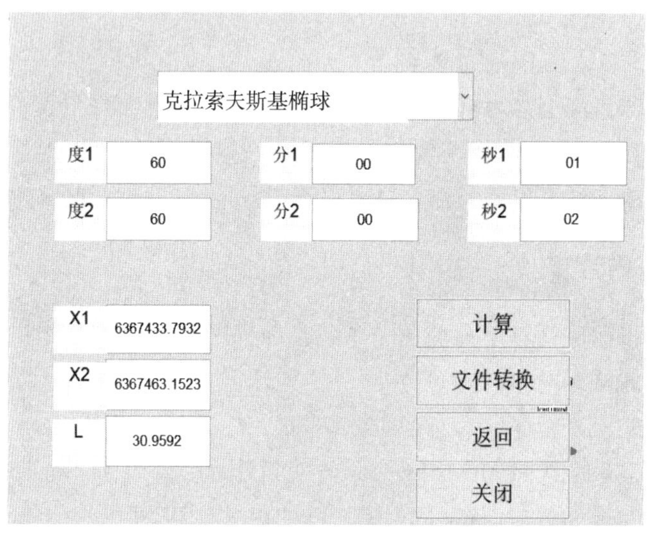

图 3-8　1″子午弧长计算输入结果界面

程序编写是一项很严谨、很细致的工作，以上几个问题都是我们在编写弧长计算时应该考虑的。本程序除了考虑了以上几点注意事项外，图 3-9 还给出了批量导入数据的界面。批量导入数据更适合我们现代人工作的节奏，使得工作更加快捷、方便，也不容易出错。

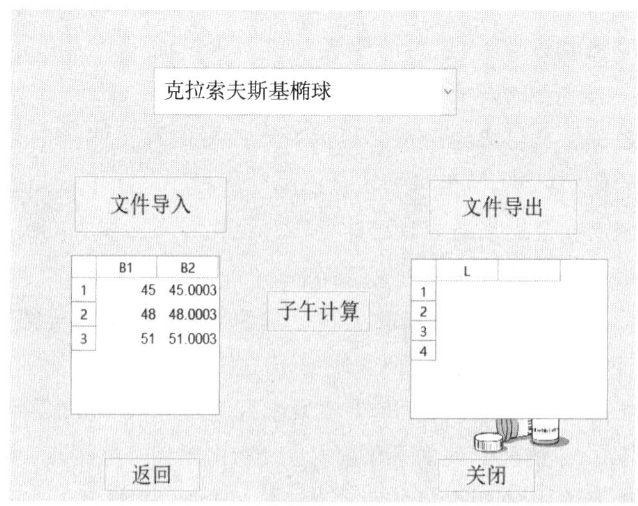

图 3-9　1″子午弧长计算批量导入数据界面

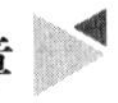

平行圈弧长的计算同子午弧长计算类似,根据公式 3-16,当大地纬度 B 一定的情况下,两点间的经差 l 知道,便可求出平行圈弧长。

从弧长计算程序的展示,是否激起了你对程序编写的激情,程序不仅仅实现以上这个小程序,还能实现如电饭煲的预约、空调的自动开关、卫星的准确入轨等,慢慢发觉,你会慢慢喜欢上程序编写的。

子午圈弧长和平行圈弧长均可以方便求得,那么椭球面上梯形图幅的面积该如何计算呢?

在地形图分幅与编号中,其中一种分幅方式就是按照梯形分幅,如 1∶100 万地形图的分幅方法是:按照经差为 6°,纬差为 4°进行分幅,那么在这样的一个图幅中,其面积又该如何求解呢?如图 3-10 所示,A、B、C、D 为椭球面上的四个点,BA、CD 是平行圈,A 点的坐标为(B_1、L_1),C 点的坐标为(B_2、L_2),ABCD 组成椭球面上一个梯形图幅。

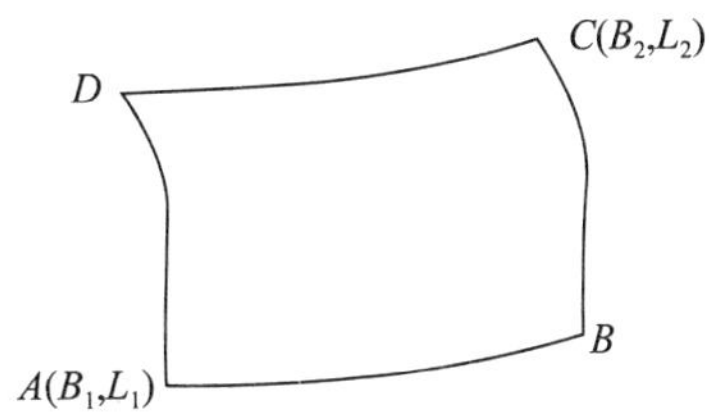

图 3-10 椭球面上的梯形

要计算梯形的面积,可以采用以下两种方法。

(1)根据矩形面积求解。我们已经可以方便求得子午弧长和平行圈弧长,在图 3-10 的梯形内,平行圈与子午圈互相垂直,可以根据矩形面积计算梯形面积,如公式(3-17)。在梯形图幅内取一面积 dP,其边长分别为 rdl 和 MdB,则

$$dP = MN\cos B dB dl \tag{3-17}$$

$$dP = \frac{a^2(1-e^2)\cos B}{W^4} dB dL \tag{3-18}$$

又因为

$$b^2 = a^2(1-e^2)$$
$$W^2 = 1-e^2\sin^2 B \tag{3-19}$$

则,梯形图幅的面积 P 为

$$P = b^2 \int_{L_1}^{L_2}\int_{B_1}^{B_2} (1-e^2\sin^2 B)^{-2}\cos B dB dL$$
$$= b^2(L_2 - L_1)\int_{B_1}^{B_2} (1-e^2\sin^2 B)^{-2}\cos B dB \tag{3-20}$$

上式右边的积分按照换元方法转换为基本函数再进行积分。设

$$e\sin B = \sin\varphi$$

则

$$\int(1-e^2\sin^2B)^{-2}\cos BdB=\frac{1}{e}\int\frac{1}{\cos^3\varphi}d\varphi \tag{3-21}$$

上式右边的积分可查表，得

$$P=\frac{b^2}{2}(L_2-L_1)\left|\frac{\sin B}{1-e^2\sin^2B}+\frac{1}{2e}\ln\frac{1+e\sin B}{1-e\sin B}\right|_{B_1}^{B_2} \tag{3-22}$$

一般不按照上式计算梯形面积，这样相当复杂，而是将式(3-20)展开成级数后再积分，得

$$P=b^2(L_2-L_1)\left|\sin B+\frac{2}{3}e^2\ \sin^3B+\frac{3}{5}e^4\ \sin^5B+\frac{4}{7}e^6\ \sin^7B+\cdots\right|_{B_1}^{B_2} \tag{3-23}$$

上式即为梯形图幅面积的计算公式。

(2)根据梯形面积求解。我们已经可以方便求得子午弧长和平行圈弧长，平行圈为梯形的上、下底，子午线为梯形的高，根据梯形计算公式

$$P=1/2*(S_{DC}+S_{DC})/S_{AD} \tag{3-24}$$

将计算出的子午弧长和平行圈弧长带入后即可计算出梯形面积。

以上两种方法，范围越小两者对应的误差就越小，在哪个范围内达到平方厘米的限差，期待大家的进一步试验。

从弧长计算的两种方法中，你是否悟出了一个道理"方法总比困难多"，只要肯思考，总能找到解决问题的方法，说不定还能找到更多的方法。

二、大地线

如果球面上两点沿着子午线或平行圈移动，可以求得两点间的弧长，这也是这时两点间的最短距离。但在实际生活中，很少能找到这样的点，如果两点沿着任意方向时，两点间的长度又该如何求解呢？球面上两点间的最短距离又该如何表示的呢？

我们知道，平面上两点间的最短距离为两点间的直线，而在球面上是两点间的大圆弧，那么在椭球面上它是什么样的一条线呢？经确认，它为大地线。学习大地线之前，我们先来学习相对法截线。

(1)相对截线法

先来看看椭球面上两点间对向方向观测所形成的法截线。如图 3-11 所示，A、B、为椭球面上两点，设它们的法线 AK_a、AK_b 与其相应的铅垂线重合，如以它们为测站，则照准面就是法截面。

由 A 照准 B 点，则照准面 AK_aB 与椭球面的截线 B_bA 即为 A 点对 B 点的法截线。

同样,由 B 点照准 A 点,则照准面 BK_bA 与椭球面的截线 B_bA,即为 B 点对 A 点的法截。AaB 和 BaA 这两条法截线,通常是不重合的,叫作 A、B 两点间的相对法截线。

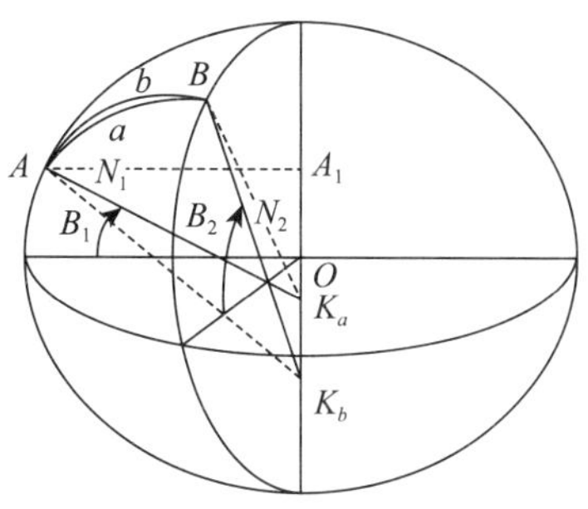

图 3-11　相对法截线

我们可以想到,如果 A、B 两点的法线在同一平面上,则对向观测的两个照准面重合,法截线为一条条。当 A、B 两点的法线不在同一平面上时,对向观测的两个照准面就不重合,法截线就为两条,可见相对法截线产生的原因是 A、B 两点的法线不在同一平面上。

下面说明,椭球面上 A、B 两点,它们的经纬度各不相同,其法线 AK_a、BK_b 不在同一平面上。

我们知道,假如 AK_a、BK_b 共面,则该两直线或平行或相交。在图 3-11 中,A、B 两点不在同一子午圈上,即经度不同,一般地两法线与短轴的交角不相等,故该法线不平行;又因为短轴是两子午面的交线,故位于该两子午面上的法线如相交的话,只能交于短轴。

设两点的纬度为 B_1、B_2 分别叫赤道面于 O_1、O_2。由图 3-11 可得,顾及法线在赤道下侧的长度 $QK=Ne^2$,则有

$$OK_a=N_1\mathrm{e}^2\sin\mathrm{B}_1 \tag{3-25}$$

$$OK_b=N_2\mathrm{e}^2\sin\mathrm{B}_2 \tag{3-26}$$

则:

$$\begin{aligned}OKa&=A_1K_a-A_1O\\&=A_1K_a-y_A\\&=N_1\sin B_1-a(1-\mathrm{e}^2)\sin B_1(1^-\mathrm{e}^2\sin^2B_1)^{-1/2}\\&=a\mathrm{e}^2\sin B_1(1-\mathrm{e}^2\sin^2B_1)^{-1/2}\end{aligned} \tag{3-27}$$

$$OK_b=a\mathrm{e}^2\sin B_2(1-\mathrm{e}^2\sin^2B_2)^{-1/2} \tag{3-28}$$

由上式可知,当 $B_1\neq B_2$ 时,则 $OK_a\neq OK_b$,故 K_a、K_b、AK_a、AK_b 不在同一平面上。当 A、B 两点同一子午圈或同一平行圈上时,正反法截线则合二为一,这是一种特殊情况。

从上式还可看出，当 $B_2>B_1$ 时，则 $OK_b>OK_a$。由图 3-11 可知，K_a 在上，K_b 在下。两法截面 AK_aB 与 AK_bA 相交于 AB 弦线，与椭球面分别截于 A_aB 和 B_bA，而且 B_bA 偏上，A_aB 偏下。可见，纬度高的点对纬度低的点法截线偏上，纬度低的点对纬度高的点法截线偏下。我们称 A_aB 为 A 点正法截线，B_bA 为 A 点的反法截线。根据上述规律，可以画出 AB 方向不同象限中正反法截线的关系位置，如图 3-11 所示。

相对法截线通常是不重合的，仅当两点的经度或纬度相同时才重合为一。正反法截线之间的夹角 Δ 在一等三角测量中(见图 3-12)，一般可达 0.004″，甚至可以达百分之几秒(与距离的平方成正比)，这对一等三角测量是不容忽视的。

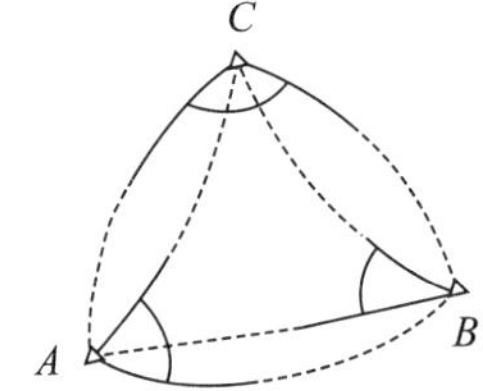

图 3-12　相对法截线构成的图形

因相对法截线存在，给测量计算带来不便，设椭球面上有 A、B、C、三点其精度 $L_C>L_B>L_A$，纬度 $B_B>B_C>B_A$，在对向三角观测中，就会产生如图 3-13 所示的情况。图中由正法截线所构成的三个角∠A、∠B、∠C，并不能构成一个三角形这就是说相对法截线造成了相对几何破裂。

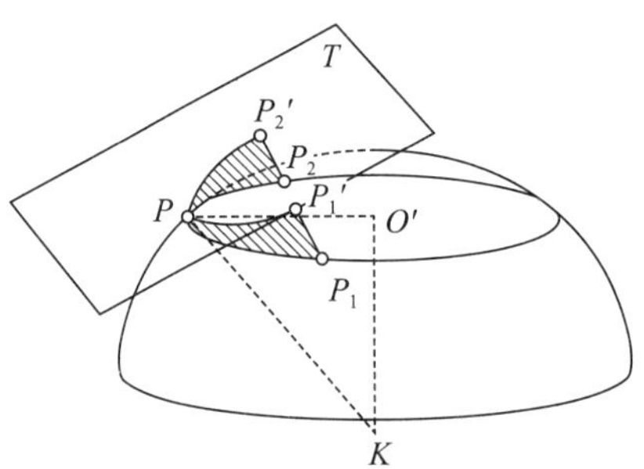

图 3-13　平行圈弧长的正射投影

显然，不能依据这种破裂的图形进行计算，必须在两点之间选用一条单一的曲线来代替相对法截线。椭球面上两点之间的单一曲线有很多种，但我们要求两点间的曲线必须是唯一的，并且具有明显的几何特征性(比如最短线)以便于椭球面上的测量计算。这种曲线就是大地线。

(2)大地线

大地线是椭球面上两点间的最短线。

将大地线上 P 点的相邻两弧长正射投影到该点的椭球面的切平面上得到

$P_1'PP_2'$,因三点在同一法截面上,所以 $P_1'PP_2'$是一直线元素,而平面上两点间直线最短。大地线上每点相邻两弧长的正射投影都为直线元素,所以大地线为最短线。但其他曲线弧长,例如斜截线弧长,在切平面上投影必定是曲线弧长。平行圈就是斜截线,在图 3-13 中,PP_1 和 PP_2 为平行圈上 P 点相邻两弧素,它在 P 点切平面 T 上的正射投影是曲线弧素 $P_1'PP_2'$。

椭球面上 A、B、C 三个点,假定经纬仪的纵轴同 A、B 两点的法线重合(忽略垂线偏差),如此以两点为测站,则经纬仪的照准面就是法截面。由 A 照准 B 得到的法截面与由 B 照准 A 得到的法截面在椭球表面上不重合,这主要是 A、B 两点的相对法截面不重合造成的。当 A、B 两点位于同一子午圈或同一平行圈上时,正反法截线则合二为一,这是一种特殊情况。相对法截弧通常不重合,造成在椭球面上 A、B、C 三个点测得的角度(各点的正法截弧之夹角),不能构成闭合三角形,如图 3-14 所示。这时有必要在两点间选一条单一的方向线——大地线,来组成单一闭合三角形。

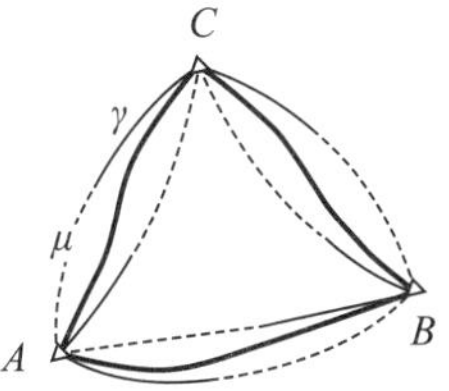

图 3-14 大地线与相对法截线的关系

通常情况下,在椭球面上,大地线位于相对法截线之间,并且靠近正法截线,它分相对法截线的夹角约为 2 比 1,即 $\mu:\gamma=2:1$,如图 3-14 所示。γ 的数值在一等三角测量中可达 $0.001''\sim0.002''$,在计算机必须要顾及改正(称为截面差改正)。大地线与法截线的长度相差甚微,如果某点的纬度 $B=0°$,边的大地方位角 $A=45°$,边长 $S=100$ km,则大地线与法截线的长度差$\triangle S=0.000\ 001$ mm,可见实用中完全可以忽略 γ。

在子午圈和赤道上,大地线和相对法截线重合为并且分别在子午圈和赤道重合。在平行圈上,相对法截线虽然合而为一,但大地线、法截线和平行圈三者都不重合。

子午弧长、平行圈弧长为椭球面上弧长长度,而求椭球面上求两点间的最短距离则采用大地线。在南辕北辙的故事中,如果要选择一条最近的路线到达楚国,就要选择大地线的方向了。大地线的方向采用大地方位角,大地线的长度可以根据大地主题解算求解。

学 习 小 结

本章从南辕北辙的故事出发,引出了弧长的概念和子午弧长、平行圈弧长的计算，从数学的角度证实了南辕北辙是能实现的，从弧长的计算及弧长程序的展示，带领学生认识子午弧长、平行圈弧长的相关理论，从中体会测量程序的神奇之处和便捷之处。通过学习椭球面上各种距离的计算及区别，从理论上解决南辕北辙故事中的难题，让大家真正体会到知识学有所用，用中思考的重要性。

思　考　题

1. 从南辕北辙的故事中，你能悟出哪些人生道理？

2. 从地球形状认识的历史过程，你能发现哪些科学之美？

3. 从弧长的计算过程中，你能发现数学的神奇之美吗？请你列举在生活中还能发现哪些数学的神奇之美。

关 键 词 语

子午圈 Meridian circle

平行圈 Parallel circle

第四章　把握生活的航向标

本章导读

有人问你，在野外迷路了怎么办？你一定会说导航，如果在海上航行没有信号，又该怎么导航吗？空中的火箭和井下的巷道又是如何导航的？你知道有哪些表示方向的方法吗？本章将带领大家从方向的内涵和生活中"方向"讲起，指出方向的重要性：工作要找准努力的方向，人生需要方向的指引，前进需要方向指路，国家需要方向发展。借助一些案例，帮助学生感悟方向的重要性。介绍了直线定向原理和方法，帮助大家理解方向的含义，带领大家一起感悟测量中的方向与生活中的方向、人生的方向和工程建设中方向的完美结合和相互融合，体会方向的多重内涵之美、辩证唯物思辨之美。

第一节　方向的用武之地

如图4-1所示，东、西、南、北四个方向，我们在外出时经常看到类似这样的方向指示牌，那你知道这里的方向还有哪些含义吗？方向在我们的生活中有哪些更深刻的内涵吗？

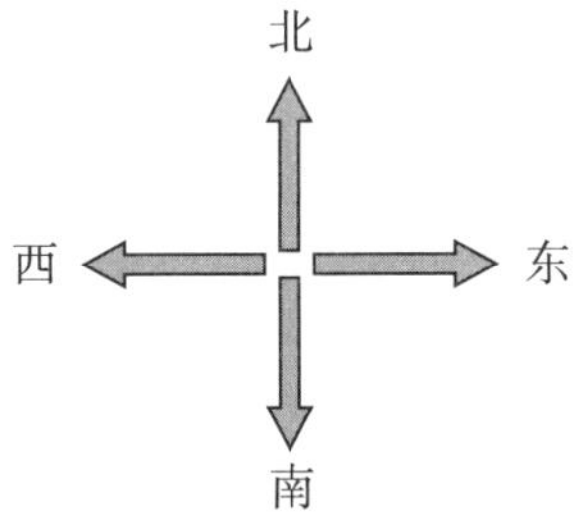

图4-1　四大方向

东、西、南、北是四个方向的方位词。古人根据太阳确定四方，以日出之向为东，日落之向为西，阳光正射之向为南，背阳之向为北。所以一般"东"是新生、光明、温暖的象征，"北"趋向表示阴暗、寒冷。

方向在我们的生活中无处不在，有了方向，我们的生活才能稳步前进、科技才能发展。我们出门走路要看路标、去陌生的地方可以用导航、卫星导航在轨道上运行要依据特定方向运行、火箭发射要按照指定的方向入轨、隧道对向开挖需要准确的方向，否则会“穿袖”、盖房子时一般坐北朝南、微创手术不仅需要方向准确，更需要位置准确，我们工作中需要确定努力的方向，学习中需要有明确的学习目标……我们生活中到处都需要方向，都需要确定准确的方向。图 4-2 至图 4-5 列举出了几个应用方向的例子，大家试试再多列举生活中应用方向的例子，你会发现，把握好方向就把握好了航向标。

图 4-2　交通路口的方向

图 4-3　导航地图中的方向

图 4-4　隧道贯通中的方向

图 4-5　交通路口的方向

北京时间 2021 年 10 月 16 日 6 时 56 分，神舟十三号载人飞船采用自主快速交会对接模式成功对接于天和核心舱径向端口，与此前已对接的天舟二号、天舟三号货运飞船一起构成四舱(船)组合体，随后 3 名航天员将从神舟十三号载人飞船进入天和核心舱，这里有方向的重要作用。我们为广大的科技工作者、为我们的祖国而骄傲，更以自己是中国人而自豪。强大使我们前进，强大使我们安全，强大使我们科技发展得到保障。

如果在大山行走、在海上航行、在空中飞行，万一迷了路，你知道有哪些辨别方向的方法吗？那你知道在测量工作中是如何给直线定方向的吗？让我们一起来看看。

第二节 直线定向

不同领域中使用方向不同,我们重点来谈谈在测绘工作中直线的方向、为直线定向,常用的仪器有哪些。

1.直线定向

直线定向(Linear orientation)的实质:确定直线的方向,准确地说是确定直线与标准方向之间的水平角。直线定向往往是为了确定点的平面坐标,如在北京天安门描述唐山的位置时,可以用唐山位于北京天安门东偏南 20°190 公里的位置,表示距离时一般既需要距离,又需要方向。

请你列出生活中应用方向的一些实例,并和同学讨论方向的意义。

2.标准方向

表示直线方向需要和标准方向对比,如果选择的标准方向不一样同一条直线的方向就会不同,如图 4-6 所示。如果 OC 为标准方向,OP 大致位于 OC 顺时针旋转 45°方向上;如果 OD 为标准,OP 大致位于 OD 逆时针旋转 45°方向上,只有标准方向确定或唯一,直线的方向才能更加明确和唯一。

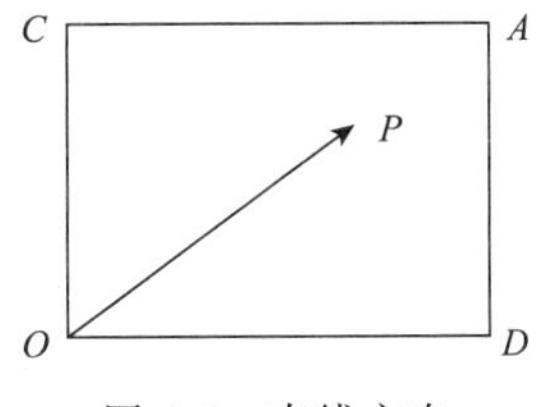

图 4-6 直线方向

测量工作中常用的标准方向有以下三个,结合实际生活,理解以下这 3 个标准方向有什么区别吧?

(1)真子午线方向(又称为地理子午线方向,见图 4-7)

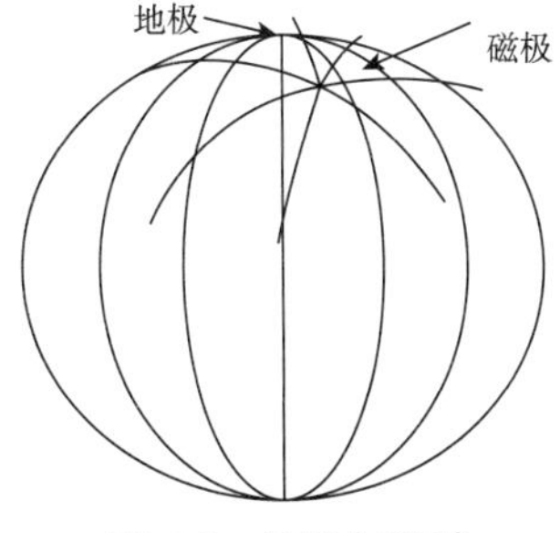

图 4-7 地极与磁移

真子午线方向(Direction of true meridian):某点 P 的真子午线方向为过该点 P 所在真子午线的切线方向称为 P 点的真子午线方向,取向北为正。真子午线方

向可用天文观测的方法或采用陀螺经纬仪来测定。只要点的位置固定，该点所在真子午线就确定，该点的真子午线方向确定，所以以该方向为参考的方向，一定具有唯一性。

（2）磁子午线方向（又称磁北方向）

磁北方向以地球磁极为参考建立的。磁子午线方向（Direction of magnetic meridian）：地面某点与地球磁场南北极连线所在平面与地球表面交线称为该点的磁子午线。磁子午线在该点的切线方向称为该点的磁子午线方向，取向北为正方向，磁针自由静止时的轴线方向为磁北方向，即由指南针可以测定磁子午方向。生活中带有指南者功能的方向都是采用磁北方向（见图 4-8）。

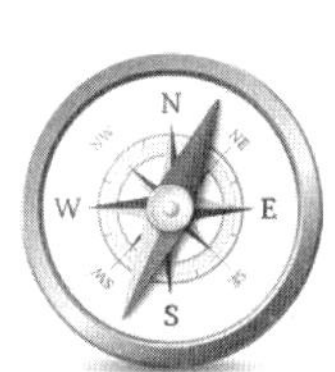

图 4-8　指南针的磁北方向

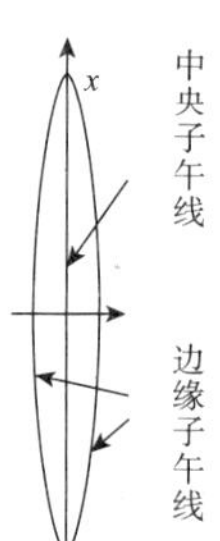

图 4-9　坐标纵轴方向

（3）坐标纵轴方向

地球椭球进行高斯投影建立高斯平面直角坐标系，该坐标系中其中央子午线方向不变。某点坐标纵轴方向（Direction of Coordinate longitudinal axis）即为该点所在高斯平面直角坐标系的中央子午线方向，向北为正，如图 4-9 所示，坐标纵轴方向常用于工程测量、工程施工中。

思考：某地下矿山中，为了测量巷道内某些控制点的坐标，在巷道内采用陀螺经纬测定了某些线的真子午线方向，同时测量该线的距离，且有一点平面坐标已知，问，是否可以求待定点的平面坐标？

由已知点求待定点坐标可采用极坐标法，原理如下：

已知 A 点坐标 x_A，y_A 且观测了 A、B 两点间的距离和坐标方位角（坐标方位角是以坐标纵轴方向为基准的方向值）D_{AB}，α_{AB}

求：待定点 B 的坐标

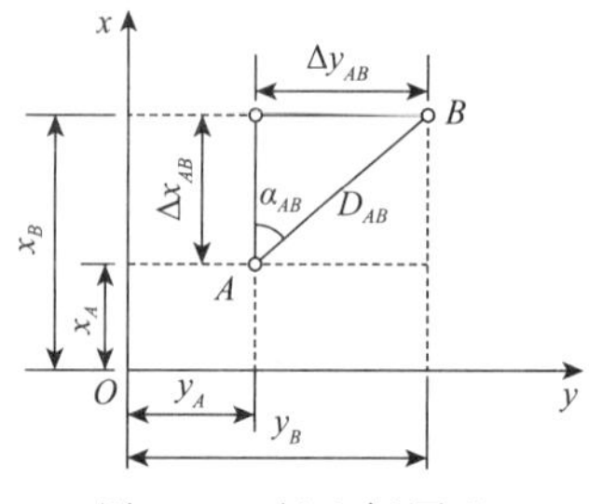

图 4-10　极坐标原理

首先，计算坐标增量：
$$\Delta x_{AB}=x_B-x_A=D_{AB}\cos\alpha_{AB}$$
$$\Delta y_{AB}=y_B-y_A=D_{AB}\sin\alpha_{AB}$$

其次，计算 B 点坐标：
$$x_B=x_A+\Delta x_{AB}$$
$$y_B=x_A+\Delta x_{AB}$$

根据以上信息，思考上面的问题。

3.标准方向之间的关系

(1)真子午线方向与磁子午线方向

因地极与磁极不一致，故过地面某点的真子午线方向与磁子午线方向不一致，两者的夹角为磁偏角 δ。某点的磁子午线在真子午线以东称东偏，磁偏角取正号；西偏时取负号。

(2)真子午线方向与坐标纵轴方向

中央子午线高斯投影后为直线(x 轴)，其余子午线投影后均为曲线，曲线上各点处的切线与纵轴方向的夹角，称为该点的平面子午线收敛角。平面子午线收敛角可以根据该点的大地坐标或平面直角坐标计算得到(见图 4-11)。

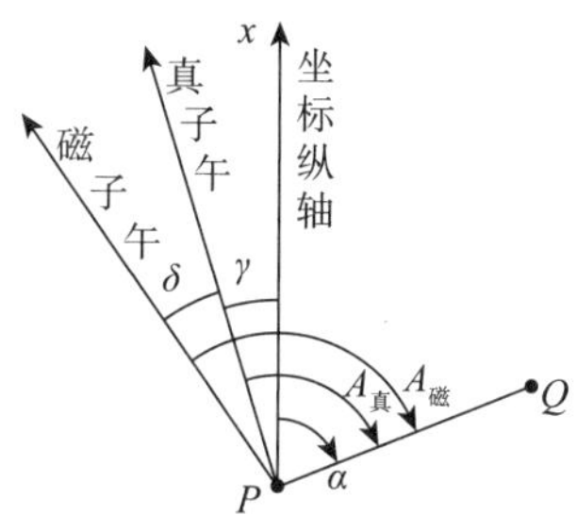

图 4-11　方位角间的关系

根据平面子午线收敛角的大小，实现真子午线方向坐标纵轴方向的转化，有了坐标纵轴方向即可实现思考题中 B 点坐标的计算，你做对了吗？

4.方位角

方位角(Azimuth angle，缩写为 Az)，又称地平经度：从标准方向北端起，顺时针方向计算到某一直线的角度，称为该直线的方位角，方位角从 0°～360°。根据标准方向的选择不同，方位角也不同。方位角一共有 3 种，从真子午线方向北端起，顺时针方向计算到某一直线的角度，称为该直线的真方位角；从磁子午线方向北端起，顺时针方向计算到某一直线的角度，称为该直线的磁方位角；从坐标纵轴方向北端起，顺时针方向计算到某一直线的角度，称为该直线的坐标方位角，如图 4-12 所示。同一直线的三个方向角之间的转换，可以借助磁偏角、平面子午线收敛角实现，开动你聪明的小脑袋，试试推导下结论吧！

如图 4-12 所示，根据方位角定义，BA 边方位角 α_{AB} 是过 B 点的坐标北方向起顺指针转到 BA 边的水平角；同样按照定义，AB 边方位角是过 A 点的坐标北方向起顺指针转到 AB 边的水平角，由于方向是可以平移的，从图中看到如下关系式：

$$\alpha_{AB}=\alpha_{BA}\pm 180° \tag{4-1}$$

即正反方位角相差 180°。

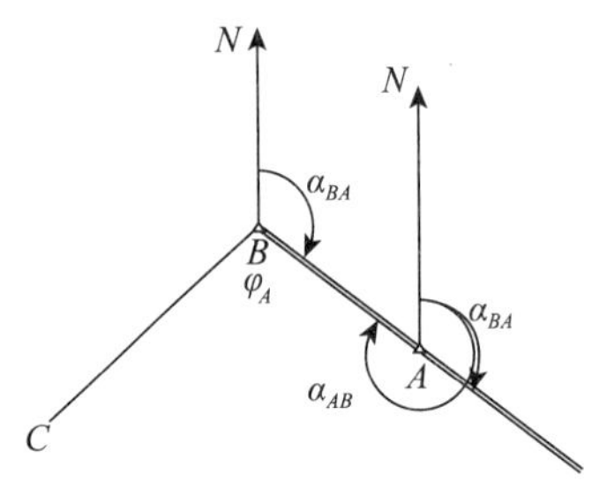

图 4-12　正反方位角

5. 象限角

在测量工作中，有时用直线与基本方向线相交的锐角来表示直线的方向。从一标准方向的南端或北端起，计算到某一直线的锐角，称为该直线的象限角，象限角范围为 0°～90°，加象限名表示（见图 4-13）。

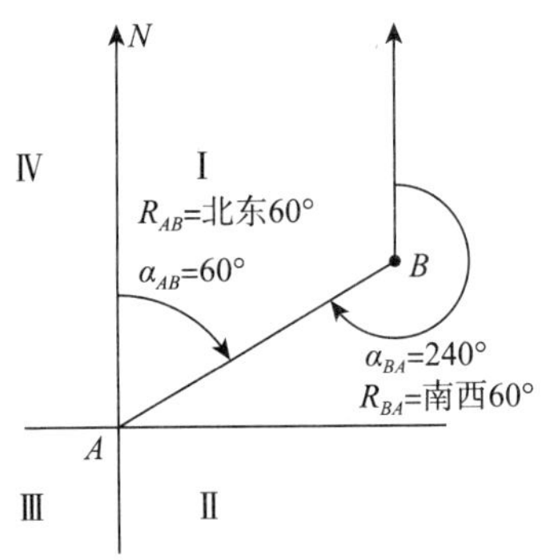

图 4-13　象限角与方位角关系

方位角 R 与象限角的关系可以根据各自定义，绘图后根据图形给出，可参考如下关系：

象限Ⅰ　　北东　象限角 $=R$

象限Ⅱ　　南东　象限角 $=180°-R$

象限Ⅲ　　南西　象限角 $=R-180°$

象限Ⅳ　　北西　象限角 $=360°-R$

从上面论述，可以看出方位角与象限角存在一定的联系和区别。首先两者都可以用来表示直线方向，但存在着一定的区别：

(1)角度范围不一样：方位角范围 0°～360°，象限角范围为 0°～90°；

(2)起始方向不一致:方位角是从标准方向的北端起,象限角的其实方向为标准方向的北端或南端起算;

(3)旋转方向不一致:范围角均是从起始方向顺时针旋转得到,象限角不区分顺时针和逆时针,是目标方向线与标准方向北端或南端之间的锐角。

坐标方位角在工程测量中常常使用。飞机在拍摄航片中,常采用航向倾角、旁向倾角、相片旋角等来描述飞机在空中的姿态。

讨论:大家查阅资料谈论 GPS 卫星在空中飞行、船在海上航行分别采用什么量来描述其方向的?

学 习 小 结

本章从生活中的“方向”讲起,带领读者感悟方向的深刻内涵,借助一些案例,帮助读者感悟方向的重要性。在此基础上介绍了直线定向原理和方向的表示方法,带领读者一起感悟测量中的方向与生活中的方向、人生的方向和工程建设中方向的完美结合和相互融合,体会方向的多重内涵之美、辩证唯物思辨之美。

思 考 题

1. 查阅资料讨论地铁导航、手机导航、飞机导航、潜水艇导航方式有什么不同,感悟方向的多样性和重要性。

2. 结合自己的实际生活,谈谈方向在自己学生中是如何起作用的?

3. 谈谈数学坐标系中的方向和生活中的方向的异同,感悟方向的深刻内涵。

关 键 词 语

直线定向 Linear orientation

真子午线方向 Direction of true meridian

磁子午线方向 Direction of magnetic meridian

坐标纵轴方向 Direction of Coordinate longitudinal axis

方位角 Azimuth angle

第五章　坐 标 之 神

本 章 导 读

你知道卫星导航根据哪些因素来定位吗？——坐标。本章主要介绍了坐标的内涵，借助生活中导航、卫星定位、气温变化等再次诠释了坐标含义。在日常生活、国家发展、军事建设中理解坐标的重要性和通用性。本章通过生活实例介绍了常用坐标系的类型、应用场合及不同坐标系间的相互转换关系，从坐标的转换原理中体会万物间的奇妙关系，感悟数学的严密、逻辑之美。

第一节　坐标与生活

1. 坐标

坐标(coordinate)：能够确定一个点在空间的位置的一个或一组数，叫作这个点的坐标。从定义上理解，坐标数值是为了确定点的空间位置，一个完整的坐标系包含坐标原点、坐标轴指向和单位长度，如图 5-1 所示就是一个简单的笛卡尔坐标，一个小小的坐标轴，意义非同一般。

(1)可以理解为，如果由坐标原点 O 出发至 P 点，需沿着 x 轴正向前进 x 数值长度，再沿着 y 轴方向前进 y 数值长度(或者先沿着 y 轴前进再沿着 x 轴前进)，也可以直接由坐标原点 O 向着 P 点直线前进$\sqrt{x^2+y^2}$。从 O 点到 P 点只有这三条路线吗？当然不是，从 O 到 P 还有很多曲线可以到达，只要认准 P 的方向，无论走哪一条路线都可以达到。

(2)坐标可以用来表示人生的目标，假设我们现在的起点在坐标原点(一切从零开始)，短期目标是先达到 P 点，要实现短期目标，我们还需要沿着 x 方向和 y 方向努力，如果用 x 轴代表自己的专业知识，用 y 轴代表你的业务能力，要实现短期目标要么先补充自己的专业知识，再提高业务能力，要么先干义务，再集中学习专业知识，或者在开展业务的同时学习专业知识，在业务开展中学习专业知识，专业知识的增加会提高自己的业务能力，这种方法显然比前两种更容易实现自己的短期目标。

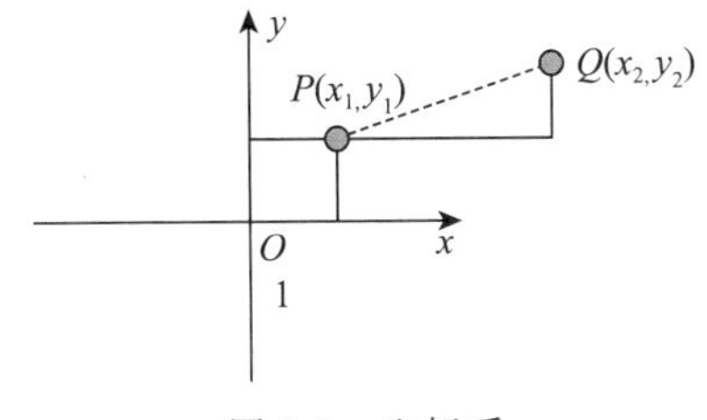

图 5-1 坐标系

(3)假设坐标原点位置未知,已知坐标系坐标轴的指向和 P、Q 两点坐标数值,这时你可以计算 PQ 两点间的距离和 PQ 两点沿着 x、y 方向的坐标差。这好比我们实现了第一个目标 P 后,再朝着新的目标 Q 前进,这时你能知道自己的努力方向和现在与新目标的差距。找准自己的人生目标,扬帆起航吧(见图 5-2)!

图 5-2 扬帆起航

(4)如果坐标系代表人生,x 轴代表健康的身体,是基础,y 轴是社会生活,代表价值,有了健康的身体,社会生活才有意义。坐标系平面中的每个点,就是人们经历的每一天,所做所为、所思所想、所感所悟,汇集在一起组成多姿多彩、多种多样的线和图案。

(5)如果 x 轴表示积极向上、乐观的心态,y 表示幸福指数,代表在生活中保持乐观向上的心态,我们的生活就会感觉越幸福;如果 x 轴代表勤奋努力,y 轴代表智慧,也就是当一个人再自己的学习和工作岗位上,踏实、勤奋、努力,再加上自己的智慧,一定会以更快的速度收获自己的成功。一个小小的坐标系,让我们对数学有了重新的认识,体会到了数学深刻的内涵之美,有了对人生更深的感悟。

坐标确实在我们生活中无处不在,生活有了坐标我们才不迷路,工作有了理想的坐标才不迷茫,人生有了坐标,才更精彩(见图 5-3 至图 5-7)。

随着信息技术的发展,车载导航、手机导航已经成了必需品,有了准确坐标我们才能准确到达目的地;西昌发射中心能够准确将卫星送至指定轨道,卫星运行需要准确坐标;一个月内每天温度的变化,体现了日期一温度的坐标;重力观测数据与台站大气压与时间的变化,无疑体现了数据大小一时间的坐标;我们每天行走或跑步的运动轨迹、地震发生时新闻播报的震中的位置,无疑都是有了准确的坐标数值,才能实现了,也只有有了准确的坐标数值,我们才能在最短的时间内到达救灾

现场，开展地震救援工作，尽全力挽救每一个生命。坐标让我们的生活井然有序，渗透到我们生活的每一处，你能体会到坐标带给我们生活的美吗？

图 5-3　卫星定位

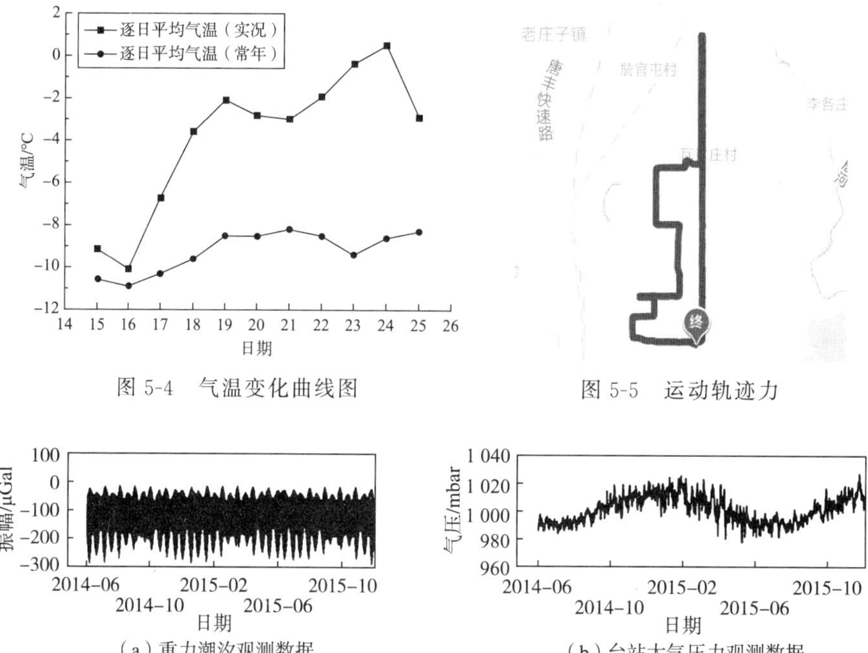

图 5-4　气温变化曲线图

图 5-5　运动轨迹力

（a）重力潮汐观测数据

（b）台站大气压力观测数据

图 5-6　重力潮汐和台站大气压力观测数据

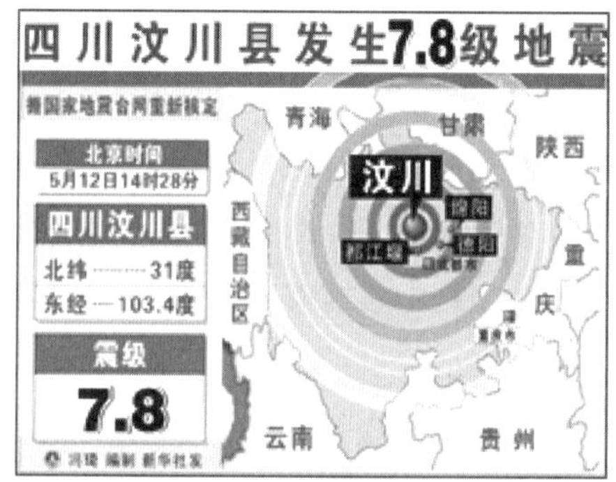

图 5-7　汶川地震中心位置

2. 坐标类型

不同情况下表示点的空间位置的形式会不同，如为了表达“请”字，在礼仪顺口溜所说“请人帮忙说劳驾，请给方便说借光。麻烦别人说打扰，不知适宜用冒昧。求人解答用请问，请人指点用赐教。”应该说，中国的传统文化博大精深，单单一个请字，就有这么多讲究，真是让我们不得不竖大拇指。坐标系也出现了多种类型，看看以下坐标系你认识吗？试着用以下坐标系来表示你身边的点的坐标，看哪种最方便(见图 5-8 至图 5-13)？

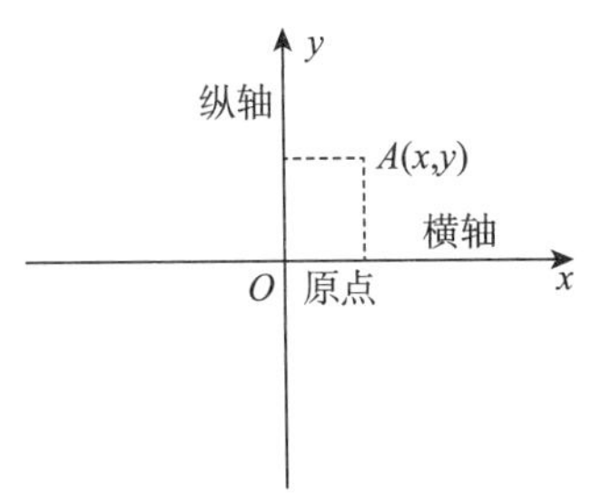

图 5-8　平面直角坐标系(数学坐标)

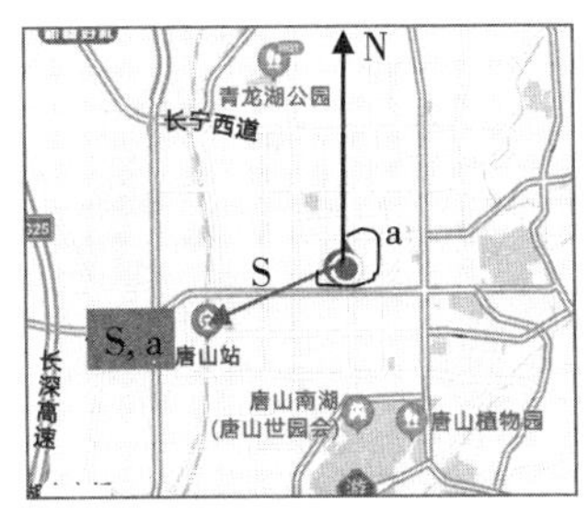

图 5-9　极坐标

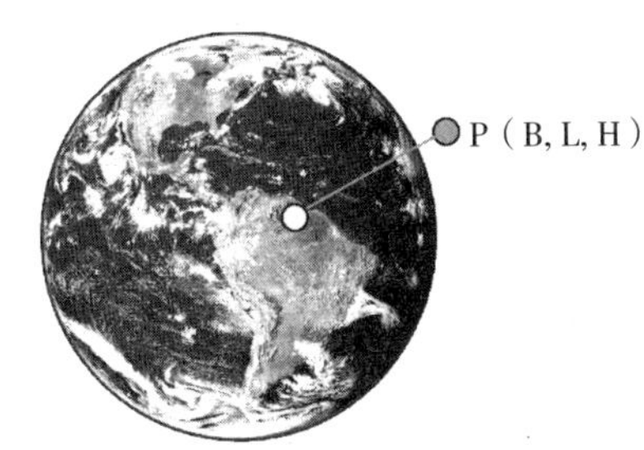

图 5-10　大地坐标

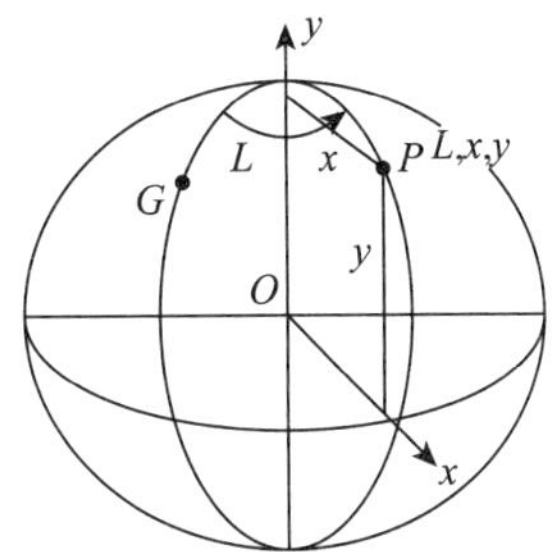

图 5-11　子午面直角坐标

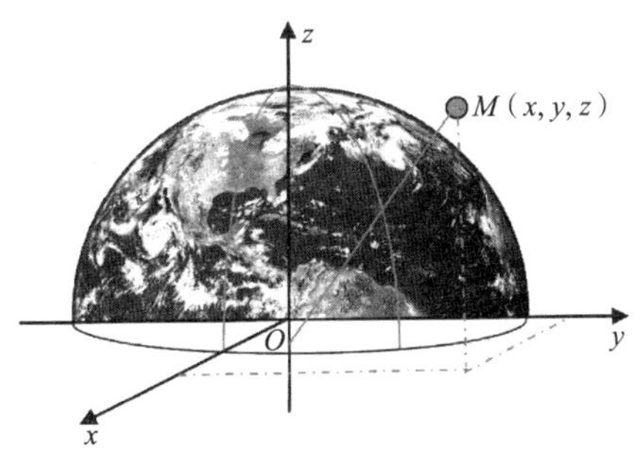

图 5-12　空间直角坐标系

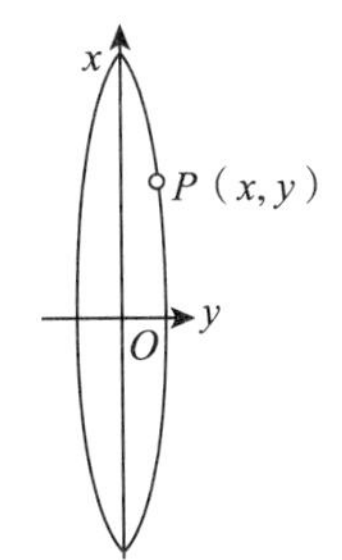

图 5-13　高斯平面直角

如在生活中为了表示一点的位置，还可采用两点间的距离和两点间相对北方向而言的方位角，如图 5-9 所示，唐山站位于图中目标点方位角为 a 、距离为 S 的位置上；在地球表面上表示一个点的坐标，我们可以采用极坐标、大地坐标、子午面直角坐标、空间直角坐标。

观察图 5-8 和图 5-13，图 5-13 画错了吗？恭喜你发现了问题，但图没有画错，这是我们要说的数学坐标系和高斯平面直角坐标系的区别。高斯平面直角坐标系的 x、y 轴的指向和我们平时数学中的数学坐标系中的坐标轴指向刚好相反，这是高斯投影后的结果，具体表示方法是和数学坐标系一模一样的。一般在工程建设、测绘数据处理中均采用高斯平面直角坐标系下坐标。

请大家思考一个问题：地球每天在以 4.167×10 度/秒的平均角速度在自转，固定于地球表面点的坐标会随之旋转吗？坐标会变吗(见图 5-14、图 5-15)？

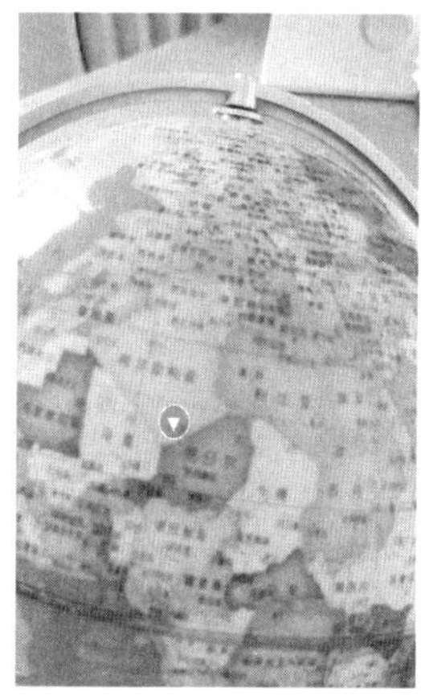

图 5-14　旋转地球

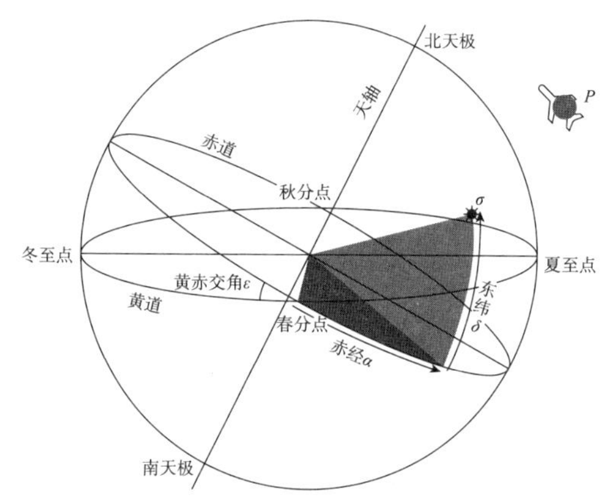

图 5-15　天球坐标系

图中的动画告诉我们，我们和地球一起旋转，如图 5-14 中的 P1 点和地球相对静止，该点位置随着地球自转而自转，如果点在地球之外(如空间一点 P2)，随着时间的推移，P1、P2 点位置还会保持固定不变吗？请仔细观察动画。显然 P2 点的位置随着地球自转而发生变化，会受到地球自转的影响，这时该如何表示 P2 点位置的坐标呢？

天球坐标系(Celestial Coordinate System)，是一种以天极和春分点作为天球定向基准的坐标系，适合于表示天体在天球上的投影位置，表示卫星等地球之外的一些天体的坐标，我们采用天球坐标系，如图 5-15 所示。和天球坐标系相比，另外一种坐标系为地球坐标系。地球坐标系(World Coordinate System)，一般指地固坐标系，指固定在地球上与地球一起旋转的坐标系，如果忽略地球潮汐和板块运动，地面上点的坐标值在地固坐标系中是固定不变的。

第二节　坐标变换

生活在地球上的人们来自不同的国家和地区，各国要相互合作、共同发展，首先要实现语言互通，我们知道语言不通时需要翻译来协助完成，不同形式的坐标系之间也是类似，要实现不同形式下的坐标成果相互引用，必须实现坐标系间的转

换。如在导航中常用大地坐标(大地经度 L，大地纬度 B)表示点的坐标位置，而在工程建设中高斯平面直角坐标(x，y)常用，而此时该工程的已知点起算数据为大地坐标，这时先要将大地坐标转换为高斯平面直角坐标。让我们一起来看看如何实现不同类型坐标系间的坐标转换吧，说不定你还能从中发现一些人生道理呢!

1.大地坐标与高斯平面直角坐标的转换

大地坐标为球面坐标，高斯平面直角坐标为平面坐标，要实现两者之间的相互转换，大家第一个想到了，就是地图投影——高斯投影(如图 5-16 所示)。在投影过程中充分发挥数学的神奇作用，经过高斯正算实现大地坐标到高斯平面直角坐标的转换，经过高斯反算实现高斯平面直角坐标到大地坐标的转换如图 5-17 所示，转换过程中以大地维度 B、经差 l 为参数计算。该计算比较复杂，目前很多专业软件中附加了该坐标转换，如中海达 GPS 数据处理软件、SuperMap 等，还有很多商业小软件都可实现坐标间的互转，同样也可以自己编写程序，如图 5-18 所示就是采用 VB 编写的高斯正反算程序展示。以下程序均为课程内测绘工程专业学生作业成果。该程序从功能上实现了高斯正算、高斯反算和高斯换带部分功能，但计算精度有待进一步验证，在这里要告诉大家的是，高斯正反算程序是可以实现的，相信你们一定也能编写出属于自己的程序。

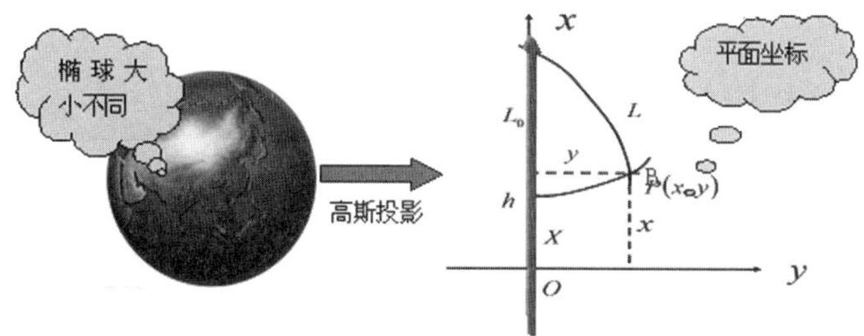

图 5-16　大地坐标高斯平面直角坐标系的相互关系

$$\text{高斯正算}:(B,L)\xrightarrow{l=L-L_0}(B,l)\xrightarrow{\text{高斯正算}}(x,y)$$

$$\text{高斯反算}:(x,y)\xrightarrow{\text{高斯反算}}(B,l)\xrightarrow{L=L_0+l}(B,L)$$

图 5-17　大地坐标高斯平面直角坐标系的相互关系

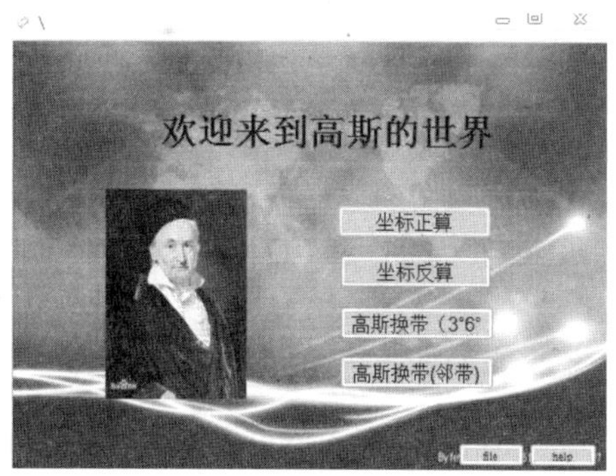

图 5-18　高斯正反算程序界面

2. 大地坐标系与空间直角坐标系的关系

空间 M 点的大地坐标为 L,B,H；其空间直角坐标为 X,Y,Z。

首先推导空间直角坐标系与子午面直角坐标系关系如下

$$\left.\begin{aligned} X_m &= x_m \cos L \\ Y_m &= x_m \sin L \\ Z_m &= y_m \end{aligned}\right\} \tag{5-1}$$

又，从图 5-19 可知

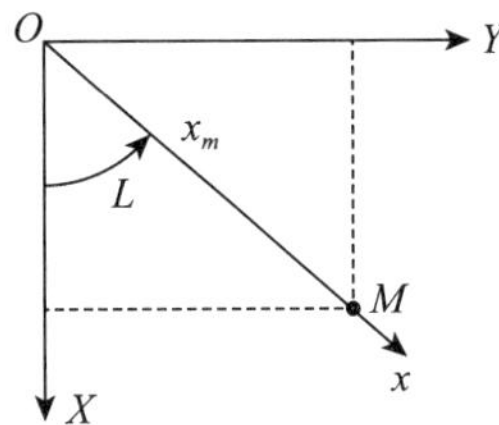

图 5-19　空间直角坐标与子面之交坐标转换的部分原理图

$$\left.\begin{aligned} x_m &= x_p + H\cos B = (a/W)\cos B + H\cos B \\ y_m &= y_p + H\sin B = (a/W)(1-e^2)\sin B + H\sin B \end{aligned}\right\} \tag{5-2}$$

将式(5-2)代入式(5-1)得

$$\left.\begin{aligned} X_m &= x_m \cos L = (N+H)\cos B\cos L \\ Y_m &= x_m \sin L = (N+H)\cos B\sin L \\ Z_m &= y_m = (N - Ne^2 + H)\sin B \end{aligned}\right\} \tag{5-3}$$

式中，$N = a/W$

$Ne^2 = ae^2/W$

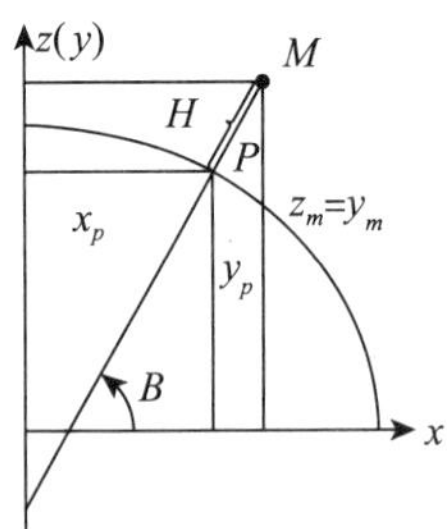

图 5-20　大地坐标系与空间直角坐标系的转换

大地坐标与空间直角坐标的转换计算示例结果如表 5-1(a)(b)所示。本程序无界面，进度达 cm 级。本程序采用 MATLAB 语言编写，激励学生动手编写小程序，实现部分程序功能。

表 5-1(a) 大地坐标与空间直角坐标转换算例

已知数据	椭圆参数	运算结果
L=77°11′22.333″ B=33°44′55.666″ H=5555.66m	克拉索夫斯基椭球	X=1178143.531589m Y=5181238.389636 Z=3626461.538191m
	IUGG 1975 椭球	X=1178124.328965m Y=5181153.940356m Z=3526400.643389m
	CGCS 2000 椭球	X=1178123.774402m Y=5181151.501501m Z=3526399.001116m

表 5-1(b) 空间直角坐标与大地坐标转换算例

已知数据	椭圆参数	运算结果
X=1177888.777m Y=5166777.888m Z=3544555.666m	克拉索夫斯基椭球	L=77°09′27.204862″ B=33°57′18.748384″ H=3878.534084m
	IUGG 1975 椭球	L=77°09′27.204862″ B=33°57′18.830340″ H=3984.383865m
	CGCS 2000 椭球	L=77°09′27.204862″ B=33°57′18.829560″ H=3987.375774m

3.平面坐标间的转换

研究表明:同一点在两种坐标系中的高斯平面坐标,在每一个局部范围内,例如在 1/105 图幅内,l m 级精度上只相差 1 个常数。而其微小的不同部分,可以看作是由这一局部范围内两个坐标系间的某种旋转和尺度伸缩产生的,如图 5-21 所示。因此可以用平面相似转换公式来表示这种转换关系,具体表达如下。

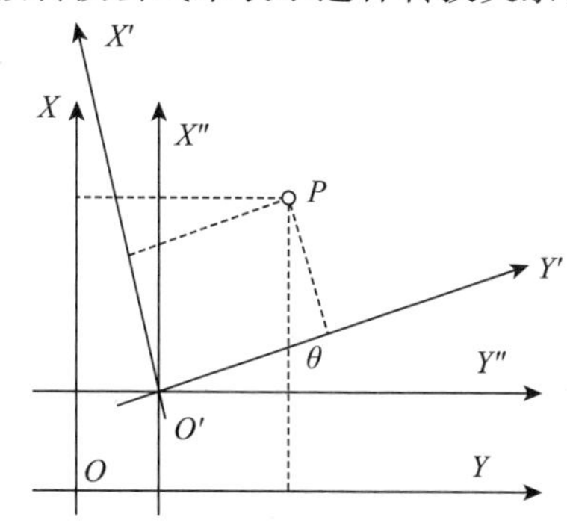

图 5-21 不同平面直角坐标系间的关系

$$\begin{bmatrix} x_2 \\ y_2 \end{bmatrix} = \begin{bmatrix} x_0 \\ y_0 \end{bmatrix} + (1+m)R(\alpha)\begin{bmatrix} x_1 \\ y_1 \end{bmatrix} \tag{5-4}$$

其中，(x_1, y_1)为旧坐标系下的平面直角坐标；(x_2, y_2)为新坐标系下的平面直角坐标；(x_0, y_0)为平移参数，m 为缩放尺度变换因子；$R(\alpha)=\begin{bmatrix} \cos\alpha & \sin\alpha \\ -\sin\alpha & \cos\alpha \end{bmatrix}$为旋转矩阵，为旋转角。

当利用相似变换的方法进行高斯平面直角坐标变换时，可以利用四参数法来实现。转换参数可以利用公共点在两个坐标系下的两套坐标，按最小二乘原理求得。基于平面的坐标转换，不需要知道参考椭球和地图投影参数，适用于任何形式的平面直角坐标系之间的转换。但由于其转换模型是一个线性变换公式，而高斯变形是非线性的，因此平面转换模型的转换参数的使用范围仅局限于公共点附近的小区域，而对于大范围的平面坐标转换应使用三维转换模型。

4. 不同空间直角坐标系的转换

进行两个空间直角坐标系间的变换，除对坐标原点实施三个平移参数处，当坐标轴间互不平行时还存在三个旋转角度(也称欧拉角)参数，以及两个坐标系尺度不一样的一个尺度变化参数。即七参数坐标转换模型，七参数坐标转换模型常用模型为布尔沙模型。

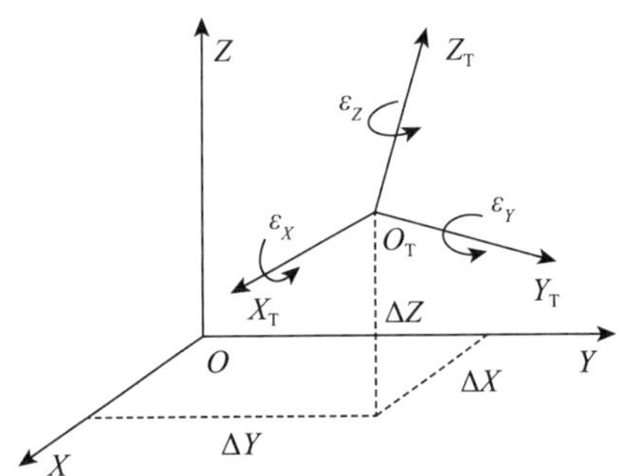

图 5-22　不同空间直角坐标系间的关系

如图 5-22 所示，两个空间直角坐标系 $O-XYZ$ 和 $O_T-X_TY_TZ_T$，要实现两坐标系间的转换，需要知道两坐标系间的七参数，即原点之间的三个平移参数(ΔX_0、ΔY_0、ΔZ_0)、三个旋转参数(ε_X、ε_Y、ε_Z)和一个尺度伸缩参数 dk，由图可知

$$X_T = \Delta X_0 + (1+dk)R(\varepsilon)X \tag{5-5}$$

式中 $X_T=(X_T \quad Y_T \quad Z_T)^T$，$X=(X \quad Y \quad Z)^T$，$\Delta X_0=(\Delta X \quad \Delta Y \quad \Delta Z)^T$为原点坐标平移向量，$R$ 为旋转矩阵，其中

$$R(\varepsilon)=R(\varepsilon_Z)R(\varepsilon_Y)R(\varepsilon_X) \tag{5-6}$$

$$R(\varepsilon_Z)=\begin{bmatrix} \cos\varepsilon_Z & \sin\varepsilon_Z & 0 \\ -\sin\varepsilon_Z & \cos\varepsilon_Z & 0 \\ 0 & 0 & 1 \end{bmatrix} \tag{5-7}$$

$$R(\varepsilon_Y)=\begin{bmatrix}\cos\varepsilon_Y & 0 & -\sin\varepsilon_Y\\ 0 & 1 & 0\\ \sin\varepsilon_Y & 0 & \cos\varepsilon_Y\end{bmatrix} \tag{5-8}$$

$$R(\varepsilon_X)=\begin{bmatrix}1 & 0 & 0\\ 0 & \cos\varepsilon_X & \sin\varepsilon_X\\ 0 & -\sin\varepsilon_X & \cos\varepsilon_X\end{bmatrix} \tag{5-9}$$

式(5-5)最终写成

$$\begin{bmatrix}X_i\\ Y_i\\ Z_i\end{bmatrix}_T=\begin{bmatrix}\Delta X_0\\ \Delta Y_0\\ \Delta Z_0\end{bmatrix}+\begin{bmatrix}X_i\\ Y_i\\ Z_i\end{bmatrix}dK+\begin{bmatrix}0 & -Z_i & Y_i\\ Z_i & 0 & -X_i\\ -Y_i & X_i & 0\end{bmatrix}\begin{bmatrix}\varepsilon_X\\ \varepsilon_Y\\ \varepsilon_Z\end{bmatrix}+\begin{bmatrix}X_i\\ Y_i\\ Z_i\end{bmatrix} \tag{5-10}$$

上式即为适用于任意两个空间直角坐标系统互相变换的布尔莎七参数转换公式。该式若被认为是地面参心坐标系,X是GPS用的WGS—84坐标系,则它便是将GPS观测值(坐标向量)向参心坐标系转换公式;若将地面参心系统转换为地心坐标系,只需将转换参数的符号改变即可实现。

布尔莎七参数模型中,当新旧坐标中的公共点大于或等于三个时,转换精度较高尤其是当测区范围较大时,主要采用七参数法进行计算。

将公式(5-10)变换成间接平差函数模型,便于编程计算。

$$V=B\hat{X}-L \tag{5-11}$$

$$\begin{bmatrix}X_i\\ Y_i\\ Z_i\end{bmatrix}_T=\begin{bmatrix}1 & 0 & 0 & 0 & (-Z_i)_S & (Y_i)_S & (X_i)_S\\ 0 & 1 & 0 & (Z_i)_S & 0 & (-X_i)_S & (Y_i)_S\\ 0 & 0 & 1 & (-Y_i)_S & (X_i)_S & 0 & (Z_i)_S\end{bmatrix}_S\times\begin{bmatrix}X_0\\ Y_0\\ Z_0\\ \varepsilon_X\\ \varepsilon_Y\\ \varepsilon_Z\\ K\end{bmatrix}+\begin{bmatrix}X_i\\ Y_i\\ Z_i\end{bmatrix}_S \tag{5-12}$$

从以上四参数和七参数坐标转换原理中可以看出,根据四参数和七参数坐标转换原理,可轻松实现高斯平面直角坐标系和空间直角坐标系下北京54坐标系、西安80坐标系、CGCS2000国家大地坐标系和WGS84坐标系下任何两个坐标系间的相互转化。在转换原理公式推导过程中，充分体现了数学的神奇之处，巧妙的寻找到两个不同坐标系间的固定关系，为大量测量工作带来了方便。

要实现两坐标系间的坐标转换，目前有很多现成软件，如COORD笑脸坐标转换软件。另外，在部分数据处理软件中附加了坐标转换功能，如中海达数据处理软件、ARCGIS软件，均不同程度地带有坐标转换功能。为了坐标转换结果的可控性，还可以自行开发程序，如图5-23所示，该七参数坐标转换程序为华北理工大学测绘工程专业学生编写。当你亲手敲入代码，一行行实现你所需要的功能，一个个精确的数字跳到你的眼前时，你会为自己感到骄傲，会为自己付出终于有了收获而开心的笑，更会为发明计算机的人而竖起大拇指。程序之所以能够实现我们这些复杂的计算，这里有数学家的功劳，有编程者的智慧，还有计算机设备的功劳。随着科技的发展，计算机计算速度和能力越来越大，以前一些想都无法想象的计算，现在几分钟甚至几秒钟就可以计算完毕，我们不得不为现代科技的发展而点赞，为人类的发展而骄傲，这也更加激励我们每个人，学好科学文化知识，为祖国的发展、为人类的进步做出自己的贡献。

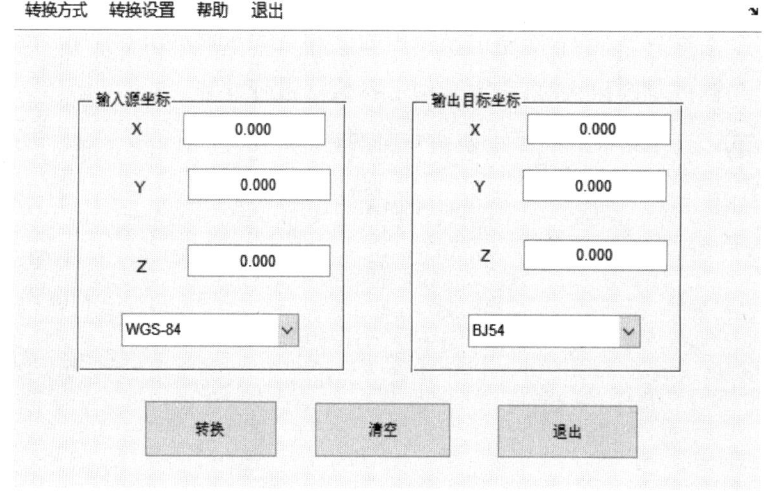

图5-23　自编坐标转换界面

坐标转换实现了看似不相关的两个坐标系间的转换关系，其实在我们的生活中有很多变量之间也是可以相互转换的，如每天规律的作息会提高我们的工作效率，高效的工作效率可以保证我们有个规律的作息；每天规律的作息会促进我们的身心健康，而身心健康又能反过来提高我们的工作效率……看似枯燥的坐标转换，其实和我们的生活也紧密联系在一起，世间万物都存在着千丝万缕的联系，多多去发现，说不定能有更多意想不到的收获。

学习小结

本章通过生活实例介绍了常用坐标系的类型、应用场合及不同坐标系间的相互转换关系，从坐标的转换原理中体会数学的神奇和万物间的奇妙关系，感悟数学的严密、逻辑之美。

思考题

1. 从坐标的不同含义中，你是如何体会坐标在人类进步中所体现出的伟大力量之美的？

2. 坐标表示点的位置信息，有不同的形式，你还能发现坐标的哪些美？如坐标的形式美、作用美、变通美，你还能列举一些吗？请分别举几个例子。

3. 从坐标形式多样性及坐标间转换的学习中，你还能列举出哪些坐标在人生道路或人们生活中的指导意义吗？

关键词语

坐标 coordinate

天球坐标系 Celestial Coordinate System

地球坐标系 World Coordinate System

第六章　地球椭率之美

本 章 导 读

我们天天生活在地球上，你知道地球的形状吗？你知道古代人是如何证明地球形状的吗？如果地球形状不是圆形，你知道会出现哪些奇怪的现象吗？球体表面地物又是如何绘制平面地图的呢？本章将从龟驮说、天圆地方到麦哲伦探险队环球航行带领大家去探索地球形状学说的奥秘。本章从游戏中、艺术中发觉投影的应用，带着大家从生活中了解投影，掌握地图投影及地图投影类型和应用。从高斯投影公式推导过程，再一次见证数学的神奇之处。通过本章的学习，你会发现投影的形式很美，投影让我们的生活变得很有艺术感，同时我们感受到数学的神奇之处和简捷之美，学会思辨思维。

第一节　地球形状学说

图 6-1　地球

地球（见图 6-1），我们每个人并不陌生。说它不陌生是因为我们每天都生活在地球上，感受着地球的变化万千。那你知道地球的形状吗？如果说你知道地球的形状现在是扁梨形的，那么这个扁梨形的形状是一成不变的吗？如果变化，地球形状又是如何变化的呢？是什么因素导致地球形状在变化？从古至今，人类对地球的研究从未中断过，我们将在对地球，甚至是月球或其他星球的研究中继续探索地球的奥秘。

1. 地球的名字来源

地球起初代表对大地形状的认识，最早古希腊学者亚里士多德从球体哲学的“完美性”和数学的“均衡性”出发，提出“地球”这个名称和概念。西方人常称地球为盖亚，有“大地之神”“众神之母”之意。地球是太阳系从内到外的第三颗行星，也是太阳系中直径、质量和密度最大的类地行星（见图 6-2）。

图 6-2 太阳系八大行星图

地球的形状到底是如何被发现的？地球形状学说又是怎样的？

古代印度人进行了龟驮说猜想，中国东汉天文学家张衡提出浑天说，认为浑天如鸡卵，地如卵黄，居于内，天表有水，水包地，犹如卵壳裹黄。而古希腊哲学家毕达哥拉斯提出地球是圆球，在他的信念里圆球是所有几何形体中最完美的，但这个说法却没有任何客观依据……直到亚里士多德根据月食时月面出现的地影是圆形的，第一次为地球是圆形提供了科学证据。1519－1522 年，葡萄牙探险家麦哲伦的环球航行，用无可辩驳的事实向世界证明了地球是球形。但这时还不能说明是完美球形还是椭球。

你还能想出哪些方法检验地球是圆球或接近于圆球的方法吗？

我们看下海上日出(见图 6-3)，不禁让人想起了巴金的《海上日出》那篇优美的散文，仿佛真的看到了海边东方太阳的小半边脸，正在文中写到“转眼间，天水相接的地方出现了一道红霞。红霞的范围慢慢扩大，越来越亮。我知道太阳就要从天边升起来了”“一纵一纵地”“它终于冲破了云霞，完全跳出了海面”……真的被眼前的美景吸引住了。美景过后，我们仔细观看下，太阳从海底升起、从海面跳出？它真的是从海底升起吗？

(a)

(b)

图 6-3 海边日出

在海边观察船行驶过程，还会发现这样的一个现象：在美丽的早晨观看海上日出，日出的场面真的很漂亮。在海边看远行的小船，当小船慢慢行驶远离我们的视

线时，我们发现小船的船身最先消失在视线中，依次是船沿、船帆……如图 6-4 所示，为什么会是这样呢？这至少说明地球不是一个平面。

图 6-4 远行的船只

假设地球是正方形或矩形，这时海边日出或远行船只还会如图 6-3 和 6-4 所示吗？让我们来做个实验吧！

（1）观察桌面上小纸船的运动（见图 6-5）

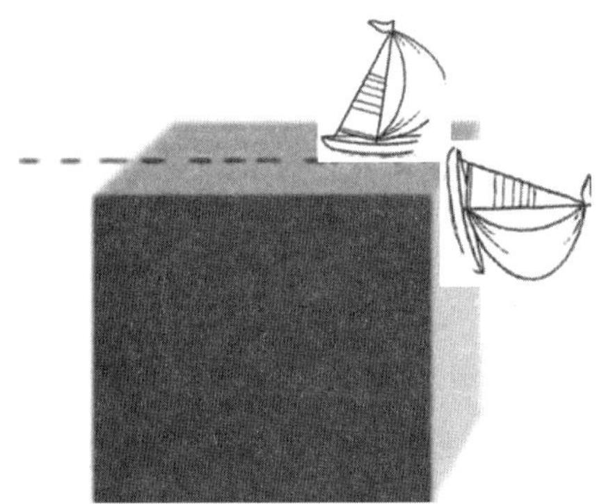

图 6-5 船在正方形表面的出没情况

（2）观察地球仪上小纸船的运动（见图 6-6）

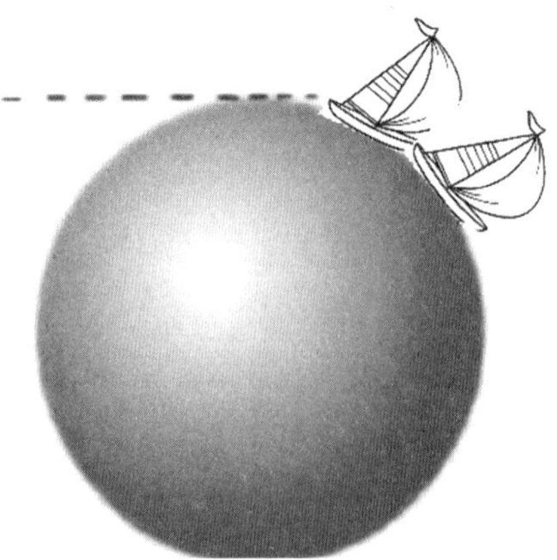

图 6-6 船在圆形表面的出没情况

从实验中很容易发现:实验(1)中的小船一旦由上面的面转到右侧的面,小船会突然消失不见;实验(2)中的小船会随着时间的推移慢慢消失,这一结论和我们实际生活中观察到的现象更接近,这好像也说明地球是个球体,至少证明地球不是正方体或长方体。

随着科学技术的发展,在17世纪末,人们对地球是圆球的主张开始有了怀疑。1672年,法国天文学家李希通过测定,发现地球赤道的重力比其他地方都小,提出大地是扁球形的主张。17世纪末,英国科学家牛顿研究了地球自转对地球形态的影响,从理论上推测地球不是一个正圆的球形,而是一个赤道处略微隆起,两极略微扁平的椭球体,赤道半径比极半径长20多公里。1735—1744年法国巴黎科学院派出两个测量队分别赴北欧和南美进行弧度测量,测量结果第一次从实践中证明地球为椭球体。

如何证明圆球或椭圆球不是很容易,有些科学爱好者做了个假设,如果地球的形状不是圆球或椭球体,比如形状像棒棒糖,那地球还会像现在这样吗?你是不是被人类的文明史和探索科学发展的道路所感动呢?

对地球形状的研究经历了漫长的过程,最后专家确认地球并不是一个正球体,而是一个两极稍扁、赤道略鼓的不规则球体。地球的平均半径约6371千米,地球半周长最大约4万千米,表面积约5.1亿平方千米。

对地球形状的研究是大地测量学和固体地球物理学的一个共同课题,其目的是运用几何方法、重力方法和空间技术,确定地球的形状、大小、地面点的位置和重力场的精细结构。

地球的形状主要是由地球的引力和自转产生的离心力所决定的。在地球物理学中地球的形状是指地球整体的几何形状,即大地水准面的形状。地球自然表面极其复杂。实际的地球表面凸凹不平,包含有高山、海洋、陆地等,而对于地球测量而言,地表是一个无法用数学公式表达的曲面,这样的曲面不便于科学研究。假想自由静止的水面将延伸穿过岛屿和陆地形成的连续闭合的曲面称之为水准面(Geoid),水准面也是重力等位面。水准面有高有低而且水准面有无数个,在众多的水准面当中,常用的是大地水准面。大地水准面(Geoid)是指与平均海水面重合并延伸到大陆内部形成闭合水准面,是个物理曲面,如图6-7所示,它确实存在。在测量工作中,均以大地水准面为外业测量的基准面,但大地水准面仍然无法用固定的公式表示出来。由于地球表面起伏不定和地球内部质量分布不均匀,故大地水准面是一个略有起伏的不规则曲面。

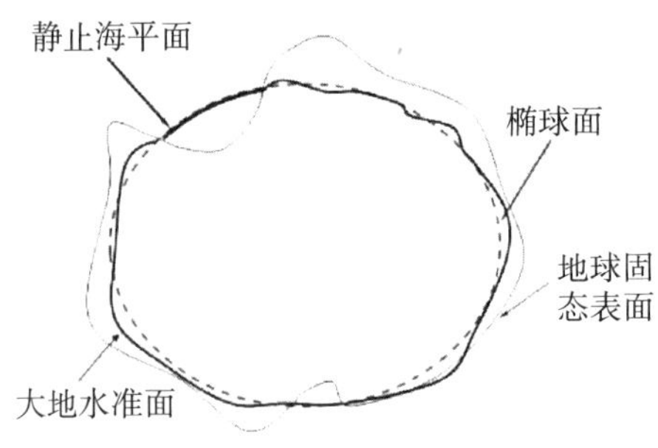

图 6-7　大地水准面

大地水准面是接近南北稍扁的旋转椭球面，大地水准面同完美的椭球面相比较，北极处略为凸出，南极处略为凹进，这点差异同地球赤道半径相比是微不足道的，因此人们称地球为“扁梨”形的。

为了更好地研究地球形体，需要寻找一个在形体上与大地水准面非常接近，并可用数学公式表述的几何形体——地球椭球体来代替地球的形状。在大地测量中，用来代表地球形状和大小的旋转椭球称为地球椭球，简称椭球，其球面称为椭球面。椭球面有固定的长半径 a 和短半径 b，椭球面是规则的几何图形，便于科学研究。

目前，我国常用的椭球及椭球参数如表 6-1 所示。克拉索夫斯基椭球坐标系原点在苏联，对应的坐标系为“1954 年北京坐标系”；1975 年国际椭球坐标系原点在我国境内，对应的是“1980 国家大地坐标系”，WGS－84 椭球是全球定位系统(GPS)采用的专用坐标系，CGCS2000 中国大地坐标系是 2007 年开始采用的地心坐标系，目前要求新的坐标成果全部归算至该椭球下的坐标系中。

表 6-1　常用椭球及椭球参数

椭球名称	a(m)	b(m)	c	a 扁率	第一偏心率 e^2
克拉索夫斯基椭球	6378245	6356863.0187730473	6399698.9017827110	1/298.3	0.006693421622966
1975 年国际椭球	6378140	6356755.2881575287	6399596.6519880105	1/298.257	0.006694384999588
WGS－84 椭球	6378137	6356752.3142	6399593.6258	1/298.257223563	0.00669437999013
2000 国家大地坐标系	6378137	6356752.3141	6399593.6259	1/298.257222101	0.00669438002290

有这样一门学科，专门研究地球形状、大小及地球表面上各种地形、地物及点位的坐标和高程，这就是大地测量。各国的大地测量工作者确定了地球椭球大小、

确定了测量所用的坐标基准、高程基准、重力基准等，为我们盖房子、修路、卫星发射、火星探测等提供了测量基准。

第二节 地图投影

图 6-8 手影游戏

大家知道图 6-8 中的图形是怎么出来的吗？这就是很多人小时候都玩过的手影游戏，直到今天仍然是一项很有创意的游戏，表演者根据自己的想象，通过双手组合投影出形形色色的小动物，活灵活现，让人爱不释手。你看过皮影戏表演吗？皮影是一项中国民间艺术，唐山专门修建了皮影乐园。皮影乐园中全部建筑都是采用皮影的形式装饰而成，另外在“唐山宴”可以亲身体验皮影表演的乐趣（如图 6-9 所示）。

图 6-9 皮影游戏

手影游戏、皮影表演可谓是融合了艺术家和表演者的创造、灵感与艺术、审美于一体，你知道手影游戏和皮影表演之所以能表现出如此的效果，他们是借助什么来实现的吗？对了，是光的影子，即投影。投影在我们的生活中非常常用，如电影院电影的播放、每天上课应用投影（见图 6-10）来播放课件、日晷（见图 6-11）测时间。

图 6-10 投影仪

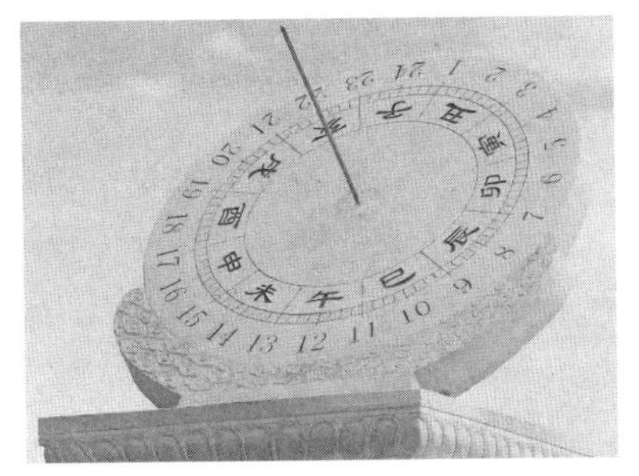

图 6-11 日晷

一、投影

投影(Projection)指的是用一组光线将物体的形状投射到一个平面上去,称为“投影”。在该平面上得到的图像,也称为“投影”。可以说手影游戏是利用手的影子得到的图像,皮影是利用动物的皮制作的模具在屏幕上得到的图像。

如果光线照向地球,我们的地球可以投影吗?地球表面投影后得到的图像又是怎么样的呢?让我们一起来做个实验分析下。

(1)如果光源来源于地球外,以乒乓球代表地球,光源来自手电筒,投影结果如图 6-12 所示。从图 6-12 可以看出,外部光源位置不同时,球体得到的投影位置和大小是不同的。

图 6-12　乒乓球投影实验

从图 6-12 我们可以看到,因地球形状是椭球形,在这里近似为球形,地球投影的形状随着光源照射的角度不同而不同,主要为圆形和椭圆形,甚至是不规则的椭圆形,照射高度角度越低,投影得到的椭圆形越大,反之越小。

(2)如果光源来源于地球内,在这里我们仅讨论光源在地球中心。为了便于观察,将地球旋转轴竖直,上为北(N),下为南(S),赤道由蓝色线表示(如图 6-13 所示)。由于球体不可展,实验中采用一个圆柱体套在球体的外面,使得圆柱的对称轴与地球自转轴相垂直,且圆柱正好与地球相切,沿着圆柱的某一条母线剪开,选取一定经差范围内的区域,展开得到如图 6-14 所示的图形。从图 6-14 可以看出地球展开后,赤道宽,两极窄,由赤道向两极逐步变窄。按照以上同样的方法,将这个地球展开,在投影屏幕上得到如图 6-15 所示图形。

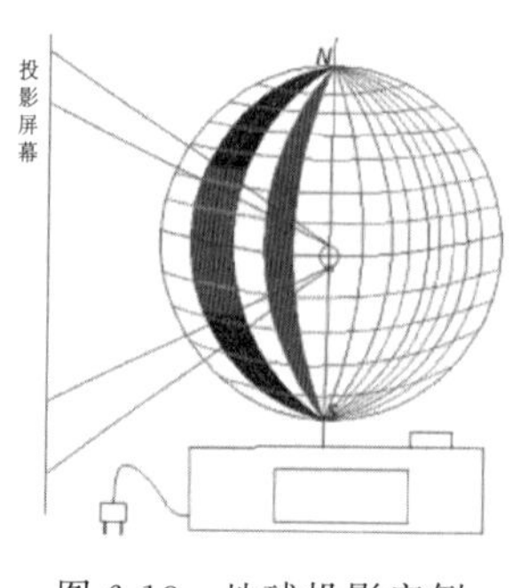

图 6-13　地球投影实例

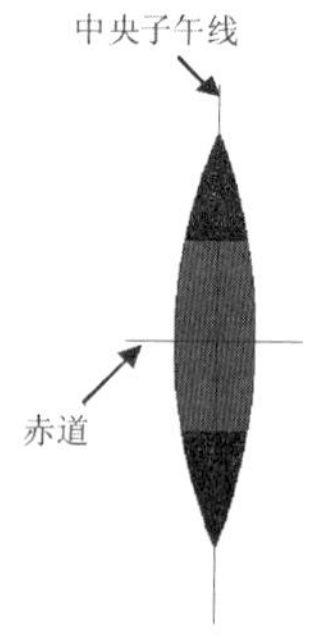

图 6-14　投影带

如图 6-15 所示的展开图，属于地图投影中的高斯投影，高斯投影是我国常用的一种地图投影。图 6-15 是按照经差为 6°、3°的方式展开得到的。经差为 6°表示在某一投影带内经差为 6°，依次类推有 3°、1.5°和 1°经差的划分。这些经差的划分是为了减少投影变形而建立的不同的投影带，而经差为 6°、3°的投影带是国家标准分带。

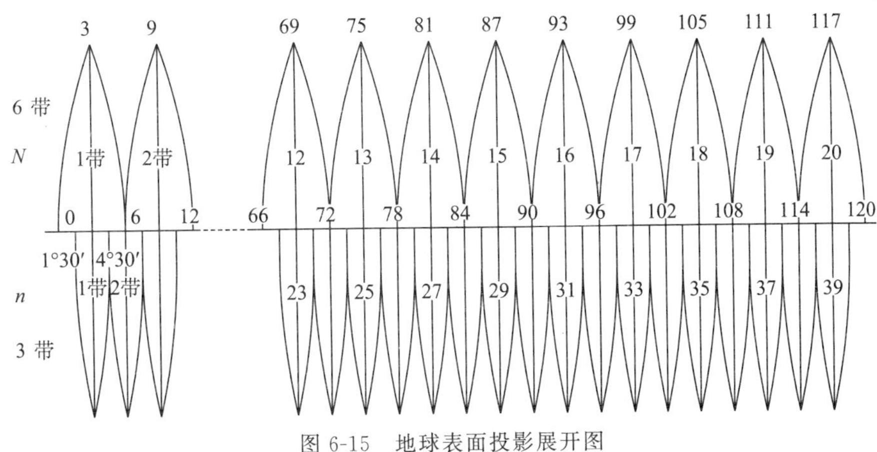

图 6-15　地球表面投影展开图

二、地图投影

地球椭球体表面是个曲面，而地图通常是二维平面，因此在地图制图时首先要考虑把曲面转化成平面。最早使用投影法绘制地图的是公元前 3 世纪古希腊地理学家埃拉托色尼。在这之前地图投影曾用来编制天体图(不过天体图的投影是从天球投影到平面，而不是地球，但两者原理相同)。埃拉托色尼在编制以地中海为中心的当时已知世界地图时，应用了经纬线互相垂直的等距离圆柱投影。1569 年，比利时的地图学家墨卡托首次采用正轴等角圆柱投影编制航海图，使航海者可以不转换罗盘方向，而采用大圆直线导航。卡西尼父子设计的用于三角测量的投影及兰勃特提出的等角投影理论和设计出的等角圆锥、等面积方位和等面积圆柱投影，使得 17—18 世纪的地图投影具有了时代的特点。19 世纪，地图投影主要保证大比例尺地图的数学基础，以适应军事制图发展和地形测量扩大的需要。19 世纪还出现了高斯投影，它是德国高斯设计提出的横轴等角椭圆柱投影，这种投影法经德国克吕格尔加以补充，成为高斯－克吕格尔投影。19 世纪末期以后俄国一些学者对投影进行了较深入地研究，对圆锥投影常数的确定提出了新见解，又提出了根据已知变形分布推求新投影和利用数值法求出投影坐标的新方法。20 世纪 50 年代以来我国提出了双重方位投影、双标准经线等角圆柱投影等新方法。20 世纪 60 年代以来，美国学者对地图投影的研究结果，提出空间投影、变比例尺地图投影和多交点地图投影，为人造地球卫星等提供了所需的投影。

地球椭球体表面是个曲面，而地图通常是二维平面，因此在地图制图时首先要

考虑把曲面转化成平面。然而，从几何意义上来说，球面是不可展平的曲面。要把它展成平面，势必会产生破裂与褶皱。这种不连续的、破裂的平面是不适合制作地图的，所以必须按照一定的法则来实现球面到平面的转化。投影法则不同得到的投影效果不同。

1. 投影方程

椭球面是大地测量计算的基准面，建立在该椭球面上的大地坐标系统在大地问题解算、研究地球形状和大小、编绘地图等方面都非常重要，地图投影学实现了将椭球面上元素(包括坐标、方位和距离等)投影到平面上的转换。

地图投影的一般公式可概括为

$$\left.\begin{aligned} x&=F_1(L,B) \\ y&=F_2(L,B) \end{aligned}\right\} \tag{6-1}$$

式中，(L,B)是椭球面上点的大地坐标；(x,y)是该点投影后的平面直角坐标。上述平面通常称为投影面。式(6-1)称为坐标投影方程，F_1 和 F_2 称为投影函数。根据地图投影(6-1)可以看出，只要知道地面点的经纬度，便可以在投影平面上找到相对应的平面位置，这样就可按一定的制图需要，将一定间隔的经纬网交点的平面直角坐标计算出来，并展绘成经纬网，构成地图的“骨架”。经纬网是制作地图的“基础”，是地图的主要数学要素。

2. 地图投影变形

(1)长度比

为了研究投影的长度变形，首先要建立投影长度比的概念。如图 6-16 所示(党亚民等，2010)，设椭球面上一微小线段 PP_1，它在投影平面上的相应线段为 $P'P'_1$，当 PP_1 趋近于零时比值 $P'P'_1/PP_1$ 的极限称为投影长度比，简称长度比，用 m 表示，即

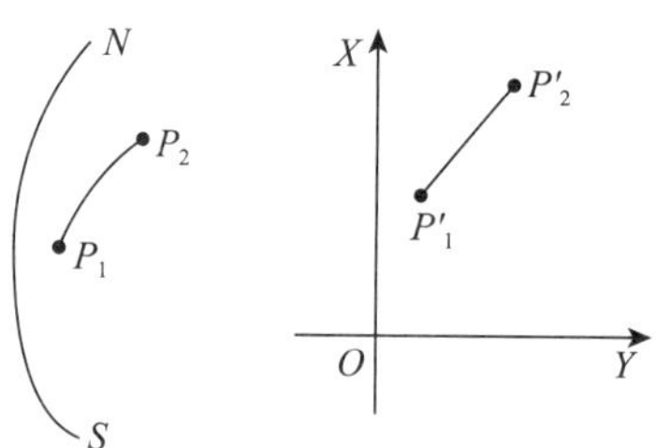

图 6-16 地图投影的长度比

$$m=\lim_{P_1P_2\to 0}\frac{P'_1P'_2}{P_1P_2} \tag{6-2}$$

长度比 m 就是投影面上无限小的微分线段 ds 与椭球面上对应的微分线段 dS 之比，即

$$m=\frac{ds}{dS} \tag{6-3}$$

(2)主方向和变形椭圆

长度比不仅与点位有关,而且与线段的方向有关。长度比依方向不同而变化,其中最大及最小长度比的方向,称为长度比的主方向。长度比的主方向处在椭球面上两个互相垂直的方向上,如图 6-17 所示。

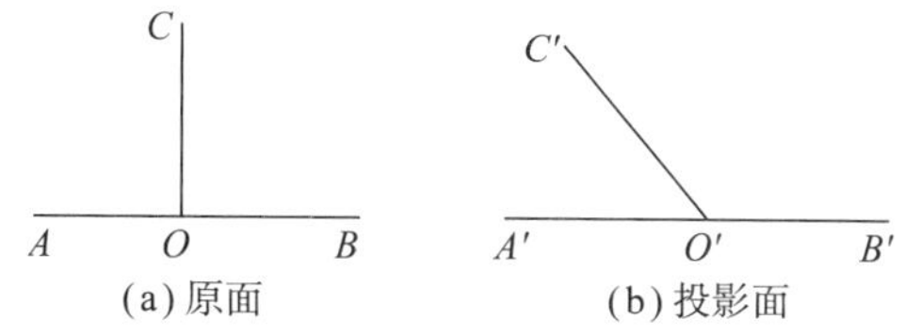

图 6-17　投影面上两个互相垂直

设原椭球面上有两条垂线段 AB 和 CO,它们相交椭球面于点 O,组成两个直角$\angle COA$ 和$\angle COB$。在投影面上,它们分别相交于点 O',并组成锐角$\angle C'O'A'$和钝角 $C'O'B'$。在椭球面上,以 O 为中心,将直角$\angle COA$ 逐渐向右旋转,达到$\angle COB$ 的位置;则该直角的投影,将以 O'为中心,由锐角 $C'O'A'$开始,逐渐增大,最终变成钝角$\angle C'O'B'$。可见,在其旋转过程中,不仅它的投影位置在变化,而且角度也随之增大,即由锐角逐渐变为钝角,其间必定经过一个直角。这说明在椭球面的任意点必有相互垂直的方向,在平面上的投影也相互垂直。这两个方向就是长度比的极值方向,也就是主方向。

已知主方向的长度比可计算任意方向的长度比。以定点为中心,以长度比数值为向径,构成以两个长度比为长、短半轴的椭圆,该椭圆称为变形椭圆。如图 6-18 所示,设椭球面上有以 O 点为中心的单位微分圆。两个主方向分别为 ε 轴和 η 轴,则该单位微分圆的方程为

$$\varepsilon^2+\eta^2=1 \tag{6-4}$$

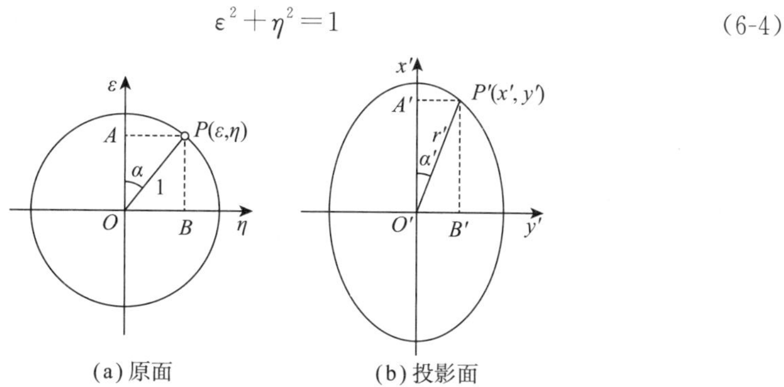

图 6-18　微分圆与变形椭圆

在投影面上,设 O 点的投影点 0′为原点,主方向投影为 z'和 y',设 P 点的投影点 P'的坐标为(x',y'),根据长度比定义,可得主方向上的长度比分别为

$$a=\frac{O'A'}{OA} \tag{6-5}$$

$$b=\frac{O'B'}{OB} \tag{6-6}$$

于是有 $x'=a\varepsilon, y'=b\eta$。

P'点的运动轨迹就是上述微分圆的投影，则可写成

$$\frac{x'^2}{a^2}+\frac{y'^2}{b^2}=1 \tag{6-7}$$

这就是投影面上的椭圆方程。以主方向上长度比为长、短半轴的椭圆，并称为变形椭圆。它说明，椭圆面上的微分圆投影后为微分椭圆，在原面上与主方向一致的一对直径，投影后成为椭圆的长轴和短轴。变形椭圆的形状、大小及方向，随投影条件不同而不同。

若设原椭球面上单位为 l 的微分圆上一点 P 投影到平面上变成微分椭圆上点 P'的向径为 r，则由长度比定义可知

$$m=\frac{r}{1}=r \tag{6-8}$$

因此，OP 方向上的长度比等于变形椭圆上 P'的向径，即某定点 O 处的变形椭圆是描述该点各方向上长度比的椭圆。变形椭圆可直观表达点的投影变形情况，对研究投影性质、投影变形等起到很重要的作用。

3. 地图投影分类

地图投影分类方法很多，可按变形性质和正轴经纬网形状的外部特征进行分类（见图 6-19）。

（1）根据投影面的形状不同分类，分为以下几种。

①方位投影：以平面作为投影面，使平面与球面相切或相割，将球面上的经纬线投影到平面上而成。

②圆柱投影：以圆柱面作为投影面，使圆柱面与球面相切或相割，将球面上的经纬线投影到圆柱面上，然后将圆柱面展为平面而成。

③圆锥投影：以圆锥面作为投影面，使圆锥面与球面相切或相割，将球面上的经纬线投影到圆锥面上，然后将圆锥面展为平面而成。

（2）按投影变形的性质分类，可分为以下几种。

①等距离投影：投影后地面点间的距离不变。

②等面积投影：保证投影后面积不变。

③等角投影：投影后微分范围的形状相似。

(3)按照投影面的轴与地球自转轴的关系分类,可分为以下几种。

①正轴投影:投影面的轴与地球自转轴一致,又称为“极地投影”。

②横轴投影:投影面的轴与地球自转轴垂直。

③斜轴投影:投影面的轴与地球自转轴斜向相交。

(4)按几何投影中投影面与地球表面的关系分类。

①切投影:投影面还可与地球椭球相切于两条标准线。

②割投影:投影面还可与地球椭球相割于两条标准线,可以形成割圆锥、割圆柱投影等。

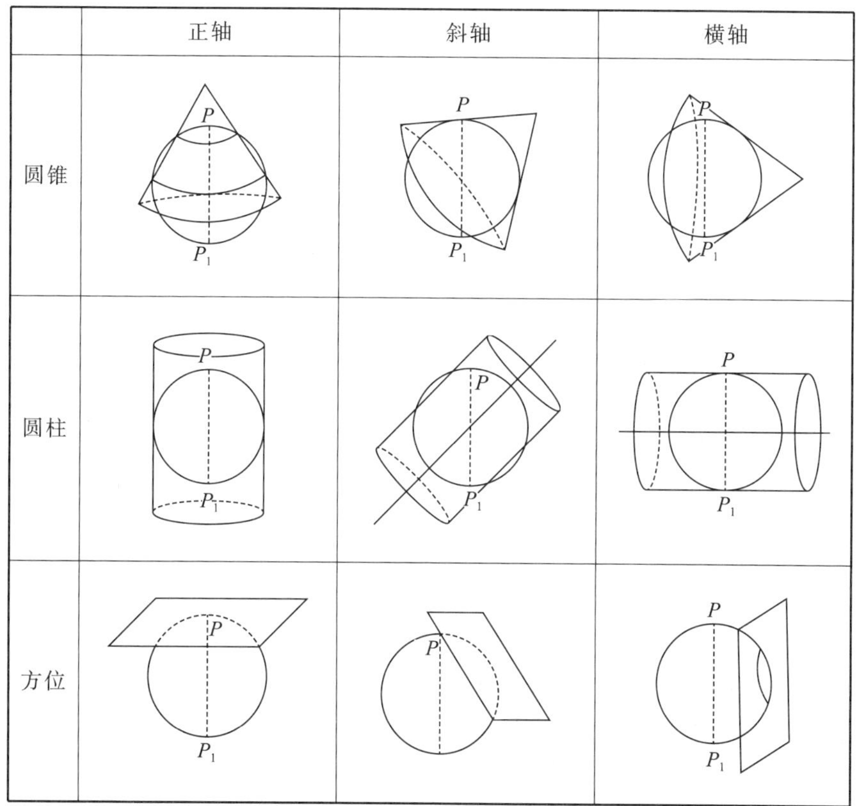

图 6-19　地图投影方式图

实际中,常用的投影方法有墨卡托投影(正轴等角圆柱投影)、高斯—克吕格投影、斜轴等面积方位投影、双标准纬线等角圆锥投影、等差分纬线多圆锥投影、正轴方位投影等。制作地形图通常使用高斯—克吕格投影。制作区域图通常使用方位投影、圆锥投影、伪圆锥投影。制作世界地图通常使用多圆锥投影、圆柱投影和伪圆柱投影。但通常而言,要依据实际情况具体选择。我国大地测量中,采用横轴椭圆柱面等角投影,即所谓的高斯投影。

根据不同的投影方式,大家可以动手试着做一做,说不定还有更美的投影图呢!

墨卡托投影是由墨卡托于 1569 年专门为航海目的设计的(见图 6-20)。投影思路是令一个与地轴方向一致的圆柱切于或割于地球,将球面上的经纬网按等角条件投影于圆柱表面上,然后将圆柱面沿一条母线剪开展成平面,即得墨卡托投影,属于正轴等角切圆柱投影,常用于海图测量。

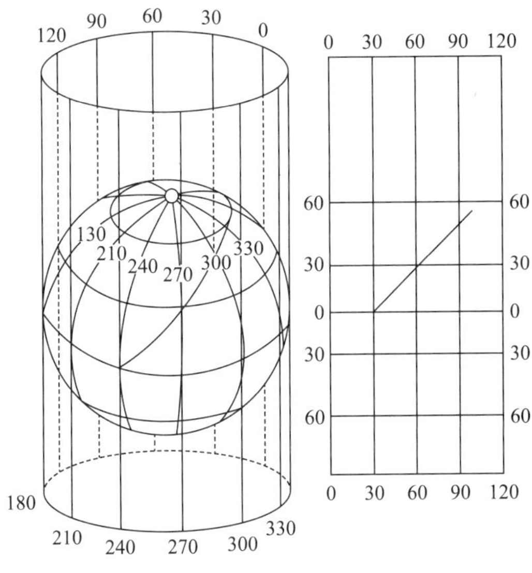

图 6-20 墨卡托投影

墨卡托投影的经纬线是互为垂直的平行直线,经线间隔相等,纬线间隔由赤道向两极逐渐扩大。图上任取一点,由该点向各方向长度比皆相等,即角度变形为零。在正轴等角切圆柱投影中,赤道为没有变形的线,随纬度增高面积变形增大。

兰伯特投影为圆锥投影。设有一个圆锥,其轴与地轴一致,套在地球椭球体上,然后将椭球体面的经纬线网按照等角的条件投影到圆锥面上,再把圆锥面沿母线切开展平,即得到正轴等角圆锥投影的经纬网图形。其中纬线投影成为同心圆弧,经线投影成为向一点收敛的直线束。当圆锥面与椭球体上的一条纬圈相切时,称切圆锥投影;当圆锥面相割于椭球面两条纬圈时,称割圆锥投影(见图 6-21)。

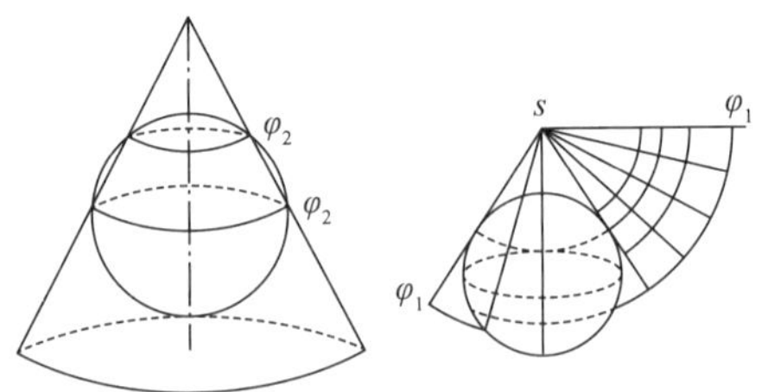

图 6-21 兰伯特投影(割圆锥投影)

除了圆锥投影,还有方位投影,大家动手试试吧!

第三节　数学的神奇之处

人类的每一次变革都是为了实现一个更好的结果。既然地球不可展为什么要实现球面到平面的相互转换呢？转换前我们在地球表面上的某个位置，转换后我们又该如何找到我们的相应位置呢？让我们一起来寻找答案吧。

我们知道导航图、交通图、旅游图大多是平面图，甚至是世界地图都有平面图，这其实告诉我们一个道路，平面图确实在实际生活和工作中很常用。除了平面图还有立体图，如地球三维立体模型，你还知道有哪些形式的地图？一起列举出来吧。不同形式的地图有不同的用途，如导航时我们选择只有平面信息的平面图；地理课上学习各政区分布时选择平面版的中国政区图；而在讲解地理地貌时可能采取三维地球模型，精美的三维立体模型直观、形象、有质感。

无论是政区图、立体模型，在布局、颜色等各方面做得非常美观，无论是实际使用还是作为艺术品都是一件非常不错的物品，但大家想过吗？既然是图，首先应该保障的是，图上各点位置和信息要和实际地物有准确的对应关系。地图投影的实质就是指建立地球表面（或其他星球表面或天球面）上的点与投影平面（即地图平面）上点之间的一一对应关系的方法，即建立之间的数学转换公式。

地图投影的实质就是指建立地球表面（或其他星球表面或天球面）上的点与投影平面（即地图平面）上点之间的一一对应关系的方法，即建立之间的数学转换公式。如高斯投影由球面坐标(L,B)得到平面坐标(x,y)，要实现两套坐标间的转换关系离开我们的数学，让我们先聊一聊数学吧！

我们以高斯投影中的高斯正算为例，一起来发现数学的神奇之处。

（1）高斯投影的几何概念

高斯投影是高斯－吕克格投影的简称，也成为等角横切椭圆柱投影，是地球椭球面到平面上正形投影的一种。它是德国数学家、物理学家、大地测量学家高斯在1820－1830年对德国汉诺威地区的三角测量成果进行处理时，曾采用了由他本人研究的将一条中央子午线长度投影规定为固定比例尺度的椭球正形投影。但他并没有把该成果发表和公布。人们只是从他给朋友的部分信件中知道这种投影的结论性投影公式。史赖伯在1866年出版的专著《汉诺威大地测量投影方法的理论》中进行了整理和加工，从而使高斯投影的理论得以公布于世。

德国大地测量学家吕克格在他1912年出版的专著《地球椭球向平面的投影》中更详细地阐明高斯投影理论并给出使用公式。在这部著作中，吕克格对高斯投影进行了比较深入地研究和补充，从而使之在许多国家得以应用。因此，将该投影称之为高斯－克吕格投影，简称高斯投影。

为了方便地实际应用高斯投影，德国学者巴乌盖尔在 1919 年建议采用带投影，并把纵坐标轴西移 500 km，在纵坐标前冠以带号，这个投影带是从格林尼治开始起算的。高斯投影得到了世界许多测量学家的重视和研究。其中保加利亚的测量学者赫里斯托夫的研究工作最具代表性。他发表于 1943 年《旋转椭球上的高斯一克吕格坐标》及 1955 年《克拉索夫斯基椭球上的高斯和地理坐标》两部专著在理论及实践上都丰富和发展了高斯投影。现在世界上许多国家都采用高斯投影，比如奥地利、德国、希腊、英国、美国、苏联等，我国于 1952 年正式采用高斯投影。复变函数是研究高斯投影问题的强大数学分析工具，可简化经典投影公式表达形式。

首先用几何的方法来描述高斯投影的基本概念。如图 6-22(a)所示，设想用一个椭圆柱横套在地球椭球体的外面，并与椭球面上某一子午线相切，椭圆柱的中心轴线通过椭球中心。与椭圆柱面相切的子午线称为投影带的中央子午线，将中央子午线两侧一定经差范围内的椭球面元素，按正形投影方法投影到椭球柱面上，然后将椭圆柱面沿着通过椭球南极和北极的母线展开，即得到投影后的平面元素。这就是高斯一克吕格投影的几何描述，该平面称为高斯投影平面。在此平面上，中央子午线和赤道的投影都是直线，其他子午线和纬线的投影都是曲线，如图 6-22(b)所示。

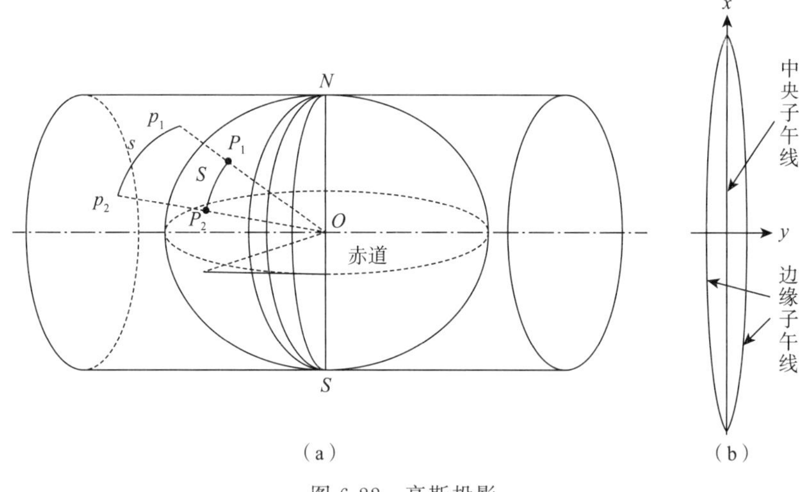

图 6-22　高斯投影

(2)高斯投影正算

根据前面的基本理论，我们知道高斯投影需满足三个条件，前两个条件，通过高斯投影图我们已经很清晰，关键是第三个条件，如何实现正形投影的条件，即满足柯西黎曼方程。根据高斯投影满足的条件，推导出高斯投影的正算坐标公式，实现大地坐标到高斯平面的转换。

高斯投影应具备如下 3 个条件：

1)中央子午线投影为一直线;

2)中央子午线投影后长度不变;

3)正形投影的条件。

以上 3 个条件中,第一个条件是正形投影的一般条件;后面的两个条件是高斯投影本身的特定条件。

根据高斯投影满足的三个条件,来推导下高斯投影正算公式。高斯正算就是椭球面元素到平面元素的投影计算,即已知椭球面大地坐标(L,B)计算高斯平面直角坐标(x,y),也即是高斯正算的过程。

已知椭球面到平面投影方程(分别用 l,q 和 x,y 表示坐标)的一般形式是

$$\begin{cases} x = f_1(l, q) \\ y = f_2(l, q) \end{cases} \tag{6-9}$$

基本思路是,根据高斯投影的三个条件,确定投影函数 f_1 和 f_2 的具体形式,进而导出高斯投影正算公式。

在椭球面上,已知 P 点的大地坐标为(L,B),相应的等量左边为(l,q),现求投影后的平面坐标(x,y),如图 6-23 所示(孔祥元等,2006)。

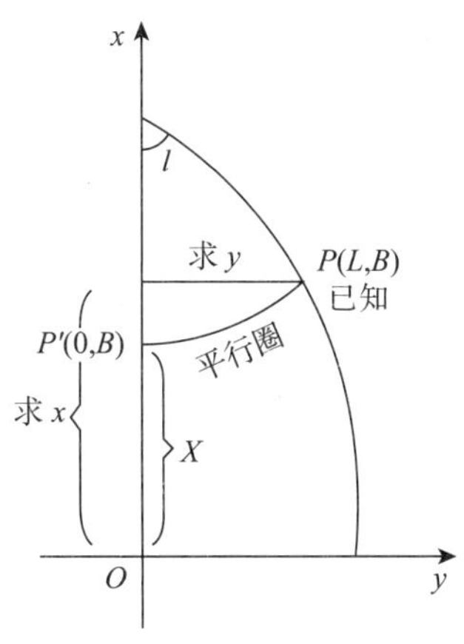

图 6-23　高斯投影正算

我们知道,高斯投影是沿中央子午线东西各一定经度范围内的狭窄地带进行的,在每一个投影区域中,点对中子午线的经差 l 是较小的,一般在 0°~3.5°以内,其弧度值$\frac{l}{p}$为一微小量,所以可将式(6-9)中的函数展开成经差 l 的

$$\begin{cases} x = m_0 + m_1 l + m_2 l^2 + m_3 l^3 + m_4 l^4 + \cdots \\ y = n_0 + n_1 l + n_2 l^2 + n_3 l^3 + n_4 l^4 + \cdots \end{cases} \tag{6-10}$$

式中,m_0、m_1、m_2…,n_0、n_1、n_2…为待定系数,它们是等量纬度 q(或大地纬度 B)的函数。根据高斯投影的第一个投影条件的需要,得

$$\begin{cases}\dfrac{\partial x}{\partial q}=\dfrac{dm_0}{dq}+l\dfrac{dm_1}{dq}+l^2\dfrac{dm_2}{dq}+l^3\dfrac{dm_3}{dq}+l^4\dfrac{dm_4}{dq}+\cdots \\ \dfrac{\partial x}{\partial l}=m_1+2m_2l+3m_3l^2+4m_4l^3+\cdots \\ \dfrac{\partial y}{\partial q}=\dfrac{dn_0}{dq}+l\dfrac{dn_1}{dq}+l^2\dfrac{dn_2}{dq}+l^3\dfrac{dn_3}{dq}+l^4\dfrac{dn_4}{dq}+\cdots \\ \dfrac{\partial y}{\partial l}=n_1+2n_2l+3n_3l^2+4n_4l^3+\cdots\end{cases} \tag{6-11}$$

引入高斯投影的第一个条件，即正形投影的充分必要条件——柯西黎曼方程：

$$\frac{\partial x}{\partial q}=\frac{\partial y}{\partial l},\frac{\partial x}{\partial l}=-\frac{\partial y}{\partial q}$$

得：

$$\begin{cases}\dfrac{dm_0}{dq}+l\dfrac{dm_1}{dq}+l^2\dfrac{dm_2}{dq}+l^3\dfrac{dm_3}{dq}+l^4\dfrac{dm_4}{dq}+\cdots=n_1+2n_2l+3n_3l^2+4n_4l^3+\cdots \\ m_1+2m_2l+3m_3l^2+4m_4l^3+\cdots=-\dfrac{dn_0}{dq}-l\dfrac{dn_1}{dq}-l^2\dfrac{dn_2}{dq}-l^3\dfrac{dn_3}{dq}-l^4\dfrac{dn_4}{dq}+\cdots\end{cases} \tag{6-12}$$

为使上面两式两端相等，其充分必要条件是 l 的同次幂的系数相等。

由图 6-25 的关系可知，如果 n_0 已知，按照实线箭头的求导顺序，则可以依次求出 m_1、n_2、m_3、n_4、m_5 等系数；同样，如果 m_0 已知，按照虚线箭头的求导顺序，也可依次求出 n_1、m_2、n_3、m_4、n_5 等系数。因此，要确定投影方程中的各代定系数，最关键的就是要求定 n_0 和 m_0 的值。如何求 n_0 和 m_0 这两个系数呢？我们引入高斯投影的后面两个条件。

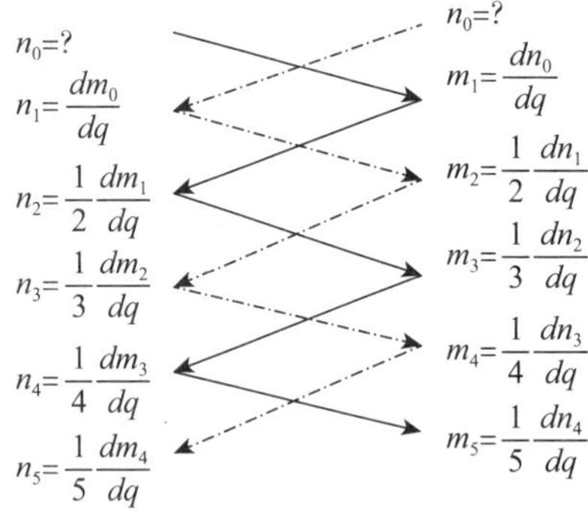

图 6-24　高斯投影正算各待定系数间的关系

由高斯投影的第二个条件，即中央子午线投影后为纵坐标轴，用数学表达式表示为 $l=0$ 时，$y=0$。由图 6-6 中的系数关系，可得

$$m_1=n_2=m_3=n_4=\cdots=0 \tag{6-13}$$

由上式，图 6-24 中的系数关系写成

$$\left.\begin{aligned}&m_1=n_2=m_3=n_4=\cdots=0\\&n_1=\frac{dm_0}{dq}\\&m_2=-\frac{1}{2}\frac{dn_1}{dq}\\&n_3=\frac{1}{3}\frac{dm_2}{dq}\\&m_4=-\frac{1}{4}\frac{dn_3}{dq}\\&n_5=\frac{1}{5}\frac{dm_4}{dq}\end{aligned}\right\}\tag{6-14}$$

因为 $n_0=m_1=n_2=m_3=n_4=\cdots=0$，所以式(6-10)可化简成

$$\left.\begin{aligned}&x=m_0+m_2l^2+m_4l^4+\cdots\\&y=n_0+n_3l^3+n_5l^5+\cdots\end{aligned}\right\}\tag{6-15}$$

由上式可以看出，高斯投影在中央子午线东西两侧的投影是对称于中央子午线的。

接下来确定 m_0 的值，引入高斯投影的第三个条件：中央子午线投影后长度不变形。由该条件可知，位于中央子午线上的两点投影后，在平面上此两点间线段的长度与投影前两点间的子午线弧长相等。假定其中有一点位于中央子午线与赤道的交点，则投影后的点的纵坐标 x 应该等于投影前从赤道量至该点的子午线弧长 X，当 $l=0$ 时，有

$$x=m_0=X\tag{6-16}$$

由点的大地纬度 B 可求出从赤道量至该点的子午线弧长 X，由式(6-30)即可求出系数 m_0 的值。下面由图 6-27 中的系数关系，求定 n_1、m_2、n_3、m_4、n_5 等系数。

由子午线弧长微分公式和 $\frac{dB}{dq}=\frac{r}{M}$，得

$$\frac{dm_0}{dq}=\frac{dX}{dq}=\frac{dX}{dB}\frac{dB}{dq}=r\tag{6-17}$$

故

$$n1=r=N\cos B\tag{6-18}$$

则

$$\frac{dn_1}{dq}=\frac{dr}{dq}=\frac{dr}{dB}\frac{dB}{dq}\tag{6-19}$$

由 $r=N\cos B$，可得

$$\frac{dr}{dB}=-M\sin B\tag{6-20}$$

而

$$\frac{dB}{dq}=\frac{r}{M} \tag{6-21}$$

于是得

$$\frac{dn_1}{dq}=-r\sin B=-N\cos B\sin B \tag{6-22}$$

代入式(6-14)的第三式，得

$$m_2=\frac{N}{2}\sin B\cos B \tag{6-23}$$

为了公式书写简洁、易于阅读，特引人以下符号

$$\begin{cases}\eta=e'\cos B\\ t=\tan B\end{cases} \tag{6-24}$$

由 m_2 依次求导，并依次代入式(3-14)可得 $n_3,m_4,n_5,\cdots$ 为

$$\left.\begin{aligned}n_3&=\frac{N}{6}\cos^3B(1-t^2+\eta^2)\\ m_4&=\frac{N}{24}\sin B\cos^3B(5\cdot t^2+9\eta^2)\\ n_5&=\frac{N}{120}\cos^5B(5\cdot 18t^2+t^2)\\ &\vdots\end{aligned}\right\} \tag{6-25}$$

将式(6-16)、式(6-23)和式(6-25)代入式(6-15)，并略去 $\eta 2l5$ 及 $l6$ 以上各项，最后得出高斯投影正算公式如下

$$\left.\begin{aligned}x&=X+\frac{N}{2\rho''^2}\sin Bl''^2+\frac{N}{24\rho''^4}\sin B\cos^3B(5-t^2+9\eta^2)l''^4\\ y&=\frac{N}{}\cos Bl''+\frac{N}{6\rho''^3}\cos^3B(1-t^2+\eta^2)l''^3+\frac{N}{120\rho''^5}\cos^5B(5-18t^2+t^4)l''^5\cos B\end{aligned}\right\} \tag{6-26}$$

式中，l 为椭球面上 P 点与中央子午线的经差，若 P 点在中央子午线的东侧，则 l 为正，若 P 点在中央子午线的西侧，则 l 为负；B 为 P 点的大地纬度；X 为由赤道至纬度为 B 的子午线弧长。当 P 点的大地坐标(L,B)为已知时(中央子午线的经度 LO 是已知的，则 $l=L-LO$ 即可算出)，即可按式(6-26)计算 P 点的高斯平面坐标(x,y)。

高斯正算公式(6-26)，这样一个复杂的公式，我们很难想像是从公式(6-9)中根据三个简单的条件推导出来的，这其中的数学奥秘无不让人啧啧称赞。

在 2002 年国际数学大会上，著名的数学家陈省身先生为少年儿童题词——“数学好玩”。数学在我们的生活中无处不在，小到柴米油盐，大到投资理财、卫星发射，所有科技的发展，都是以数学为基础的，如数学家笛卡尔在《指导思维的法则》中指出，任何问题可化为数学问题。

数学不但很有用，而且也很美。沈文选、杨清桃在《数学思想领悟》中所说："数学思想，使我们领悟到数学是用字母和符号谱写的乐曲，充满着和谐的旋律，让我们在思疑中启悟，在思辨中省悟，在体验中领悟。"李学数这样评价数学："数学很难，追求她是艰苦的；数学很美，不追求她是遗憾的。人生，怎能逃避艰苦，而选择遗憾呢？"

张奠宇在给沈文选先生的《数学思想领悟》写的序所说，学习数学如登山，越过艰难险阻到达顶峰，体会"会当凌绝顶，一览众山小"的局面，用数学解决我们的难题，欣赏数学之美，体会"蓦然回首，那人却在灯火阑珊处"的意境。其实椭球计算也是如此，看似抽象、复杂的公式背后，是神奇的数学思想，当你跨过山腰，来到山顶，你会发现山顶风景独好，慢读本节，你会欣赏到数学的缜密周全、简捷与地球椭率的巧妙应用之美。

学 习 小 结

本章将从龟驮说、天圆地方到麦哲伦探险队环游世界，讲述了地球形状学说的奥秘。从手影游戏、皮影表演中讲述了投影、地图投影及地图投影类型和应用。从高斯投影公式推导过程，带领大家感悟数学的神奇之处，通过本章的学习，你会发现投影的形式很美，投影让我们的生活变得很有艺术感，同时感受到了数学的神奇之处和简捷之美，从而学会思辨思维。

思 考 题

1. 从人类证明地球是椭球的过程中，你感受到了人类的哪些优秀品质？

2. 从手影游戏、皮影表演到地图投影，你认识到投影的哪些美？

3. 结合本课程的学习，通过对地球椭率的多方面了解，你能发掘哪些地球椭球带给我们的美？如曲线之美、严谨的数学思维之美或带给人一种积极向上等的精神之美……请认真思考，写出你的答案。

关 键 词 语

大地水准面 Geoid&

第七章　太空看地球——遥感之美

本章导读

对于生活在地球上的我们来说，可能觉得对自己生活的这片土地已经有了很深的认识，但是如果换一个角度，从太空俯瞰世界，给地球“照相”，我们平时熟悉的一切就会变得非常不一样了。一百年前飞天登月还是神话，五十年后梦却成真。1969 年 7 月人类第一次登上了月球，2019 年 7 月中国正式进入空间站时代。从太空看地球，体会遥感之美。当我们沉醉在欣赏地球、祖国的自然、人文之美，感动于祖国科技发展之美，体会遥感应用之美时，你知道什么是遥感观测吗？本章在带领大家欣赏遥感之美后，介绍遥感的定义、特点和分类。

第一节　太空俯瞰地球

从太空拍下了无数的照片，无一例外都非常的美丽，是那种超出了想象的未知真实的美丽。

从太空中俯瞰，地球是如此渺小，又如此美丽（见图 7-1）。

图 7-1　太空中俯瞰地球之美

地球的半径约为 6371 千米，最大周长约 4 万千米，整个地球的表面积为 5 亿多平方千米。虽然与宇宙中万千晨星相比，地球显得微不足道，但对于人类而言，地球非常漂亮，犹如一颗蓝宝石镶嵌在茫茫宇宙中，是独一无二的。

一、地球自然、人文景观之美

我们参观人文景观，积累自己的文化底蕴，享受人类文明创造的美；我们徜徉在大自然的怀抱中，感叹它们的鬼斧神工，欣赏自然界中各种事物和现象的美。换个视角，欣赏利用航空航天遥感、全球导航卫星定位系统、地理信息系统等先进技术，通过遥感卫星从 400 多公里的太空拍摄的地球之美。

1. 极光之美

极光是地球上最为壮丽的景观之一，从太空看极光，飘逸轻柔的光带垂直堆叠，从绿色变成红色，红色、绿色的光不断闪耀。清晨时分极光飞向天空，向大地宣布黎明的来临。在无尽的黑夜中在天空洒下色彩，为人间带来希望和光明（见图 7-2）。

图 7-2　太空中俯瞰极光之美

2. 尼亚加拉瀑布之美

尼亚加拉瀑布位于加拿大安大略省和美国纽约州的交界处，从遥感影像上看，形似马蹄，非常美丽，且白瀑悬空的气势非凡（见图 7-3）。

图 7-3　尼亚加拉瀑布

3. 剑川剑湖之美

卫星遥感影像上的大理州剑川县剑湖上去像是一片月牙，给人一种圆润的美感。加上旁边笔直的阡陌、错落的村庄以及绿油油的田野的包围，剑湖又像是一个正在孕育中的“宝宝”（见图 7-4）。

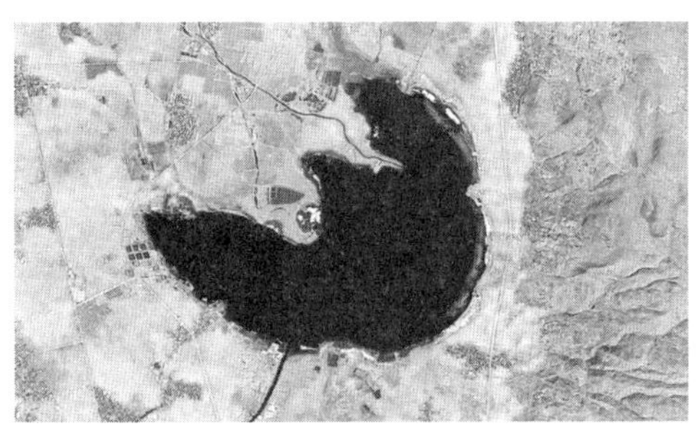

图 7-4 剑川剑湖

4. 东川红土地之美

东川红土地，位于云南省昆明市东川区西南部，地处红土高原山区，为高原季风气候类型，属南温带气候特点。当雨后在遥感影像上观看时，雨水的冲刷导致尚未氧化的富铁土壤大规模出现，加之空气清新、阳光普照，能见度提高，景区基本色调由褐红变为鲜红色。火红的土壤上，一年四季青稞花、荞子花、洋芋花、油菜花交替开放，色彩斑斓炫目，鲜艳浓烈的色块一直铺到天边，被誉为“大自然的调色板”（见图 7-5）。

图 7-5 东川红土地

5. 云龙水库之美

云龙水库位于昆明市禄劝县，从遥感影像上看，水库细长且蜿蜒不断，像一条在云间翱翔的巨龙（见图 7-6）。

图 7-6 云龙水库

6.永仁县中和镇之美

永仁县中和镇位于云南楚雄州，它是在山谷中形成的一个小的盆地，但在盆地又凸起了一座小的山头，从遥感影像上看，其山脊线的分布与叶片的叶脉走向几乎一模一样，像极了大自然孕育的一片“树叶”(见图7-7)。

图7-7　永仁县中和镇

7.宜良靖安哨村——盘山公路之美

位于昆明市宜良县城西小坡脚村的六十八道拐是城西通往靖安哨村的盘山公路，公路依山梁而修，弯弯曲曲，短短的6.8千米路程，共有68道拐。从遥感影像上看，道路依山梁盘旋而上，不经意间竟成了奇景(见图7-8)。

图7-8　宜良靖安哨村——盘山公路

二、遥感应用之美

遥感将信息和时空技术结合，同时也是一门艺术，带给我们的不止有美的享受，还有丰富的应用，接下来让我们感受遥感的应用之美。

1.城市发展变迁之美

如图 7-9(a)所示是 1967 年卫星拍摄的重庆主城区,那个时候的“两江”上仅有一座嘉陵江大桥,连接渝中半岛和江北,那个时候从南岸到渝中半岛还需要依靠轮渡来往摆渡,此外城市建成区的面积并不大,建筑物也不密集。如图 7-9(b)所示是 2018 年卫星拍摄的重庆主城区,可以看出两江之上已经有众多桥梁连接两岸,城市建成区的面积也不可同日而语,建筑群集中连片地如森林般拔节而起。通过不同年代遥感卫星拍摄下的照片,我们可以如此清晰和直观地感受到城市发展所带来的巨大变化之美。

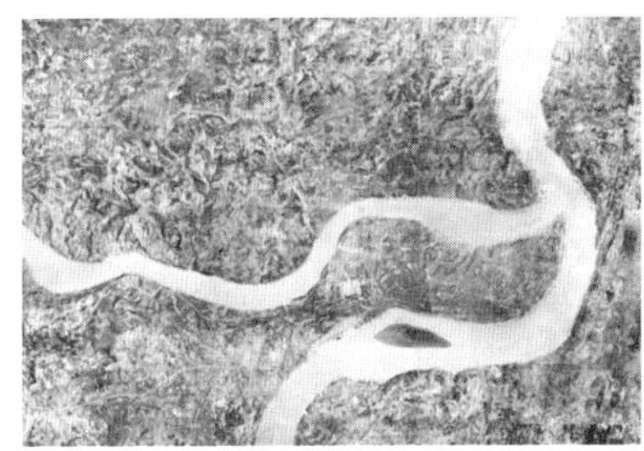

(a) 1967年重庆主城

(b) 2018年重庆主城

图 7-9　1967—2018 重庆主城区变化

2.应急救灾之美

遥感卫星高挂太空,遥望大地,拍摄回台风运动,水体污染、森林大火、洪水泛滥、地震破坏等的近实时图像和照片,感知灾害(见图 7-10、图 7-11)。

(a) 被滑坡体掩埋的房屋航拍图片

(b) 地震中北川县倒塌的房屋航拍图

(c) 5.12汶川地震后重建的北川县新城

图 7-10　无人机应急救灾之美

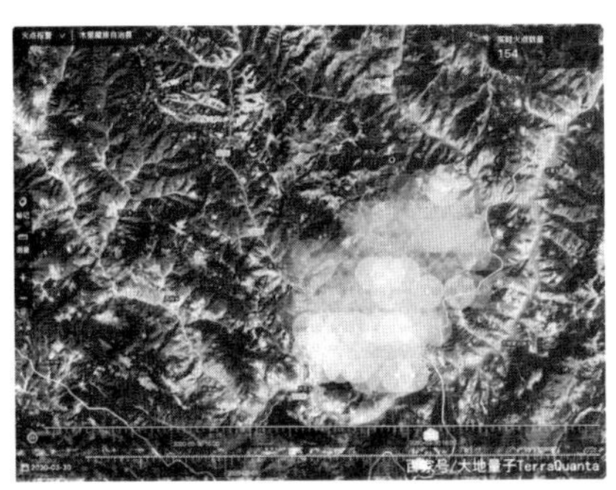

（a）森林火灾的火点分析图

（b）森林火灾过火面积分析图

图 7-11　2020 年 3 月 30 日木里县森林火灾遥感监测图

3. 荒漠变绿洲之美

库布其沙漠位于内蒙古自治区鄂尔多斯市杭锦旗、达拉特旗、准格尔旗等 5 个旗区境内，也是中国第七大沙漠。经过几十年持之以恒与荒漠、贫困搏击，从“死亡之海”变“经济绿洲”。从遥感影像上看，黄沙漫漫变绿意葱茏，库布其书写了绿色传奇之美。

4. 冰川运动之美

雅弄冰川宏伟壮观，从岗日嘎布山海拔 6606 米的主峰铺展开来，一直延伸至海拔 4000 米的岗日嘎布湖。从遥感影像上看，冰川的流动之美比河流更深沉，更宏大，更美丽(见图 7-12)。

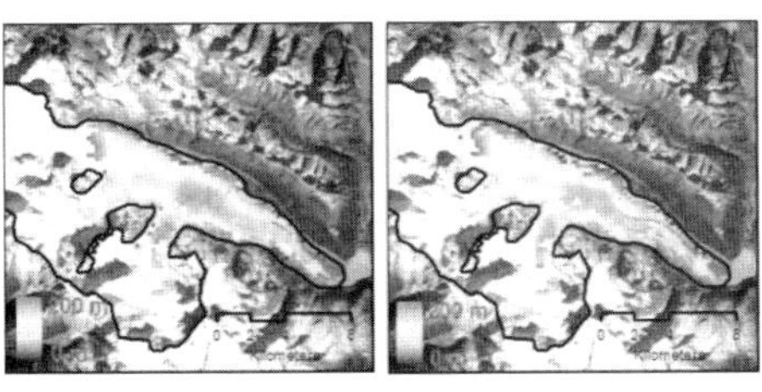

(a) 1994/12/15-1995/11/16　　(b) 2000/12/31-2001/12/18

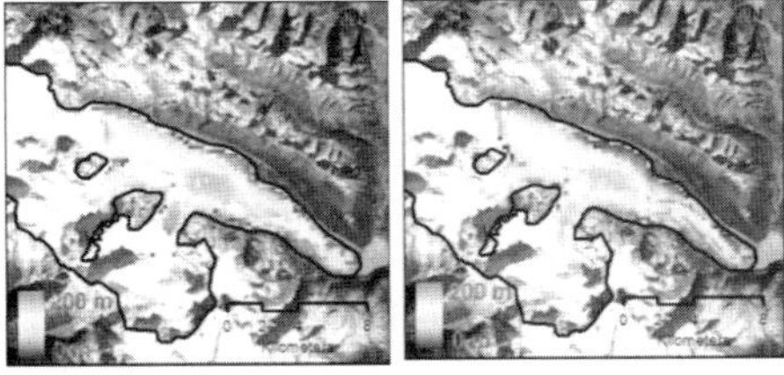

(c) 2006/12/16-2008/02/21　　(d) 2009/11/22-2011/01/12

图 7-12　1994—2011 雅弄冰川运动

第二节　遥感的认识

“遥感”一词来源于英文 remote sensing，原意为“遥远的感知”。人眼在可见光范围内可以发现和识别远处的物体，蛇借助红外信息可以发现洞穴中的青蛙和田鼠，蝙蝠借助声波可以在漆黑的环境中自由快速的飞翔和捕获食物等，这些是生物机体本能的遥感。而遥感技术指的是利用传感器为工具，以电磁波为传递信息的媒介，对远距离目标进行大范围、同步观测和研究，实际上是生物感觉器官的扩展和延伸。

一、人眼的感知

自然界中的各种物体，都是由不同的物质组成的。任何物质虽然都不依赖人的感觉而存在，但是，只有人感觉到了，才能知道它的有无。人是凭借各种感觉器官的感知功能，才知道不同物质的存在及其性质的。人的眼睛就是能够感知物体的器官之一，人类之所以能看见和识别各种物体，是因为物体发射（或反射）可见光，经过人眼的光学系统（晶状体）成像于视网膜的感光细胞，并经过光学反应刺激视神经，进而传递到大脑，最后经过大脑的分析、对比、推理、判断，来感知和记忆各种物体，人眼的感知过程实质上就是可见光遥感（见图 7-13）。

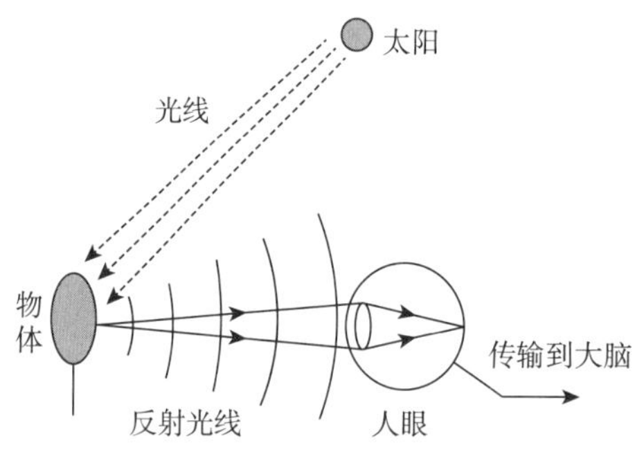

图 7-13　人眼感知物体的示意图

二、仪器的感知

仪器的感知是通过模拟人眼某些功能实现的，仪器收集来自目标物发射或反射的电磁波，其感知范围比人眼宽很多，可以从紫外线到微波，利用地面、飞机、卫星等平台获得地球表面发射或反射的电磁波信息，获取大气、陆地、海洋各个层面的不同信息，通常由收集系统、探测系统、信号转换系统、记录系统四部分组成（见图 7-14）。

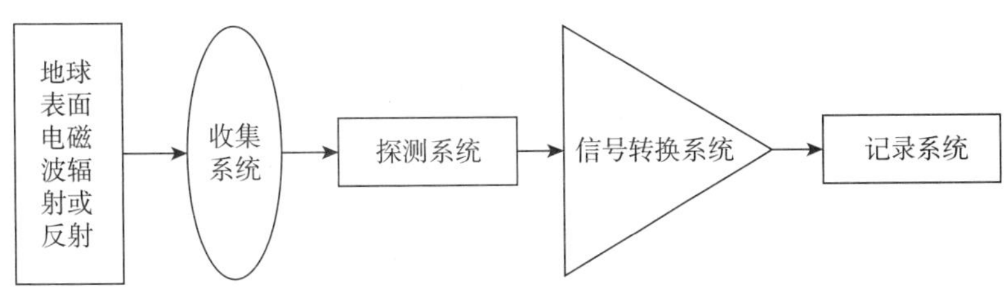

图 7-14　仪器感知目标示意图

1. 收集系统

收集系统具有收集地面目标或海洋发射或反射的电磁波的能力，对它们进行聚焦，并送往探测系统。传感器的类型不同，收集器的元件也不同，单基本的元件由透镜组、反射镜组、天线等。

2. 探测系统

探测系统是将收集到的电磁波辐射能转换成化学能或电能。具体的元件由感光胶片、光电管、光敏和热敏探测元件、共振腔谐振器等。

3. 信号转换系统

信号转换系统是将探测器的化学能或电能转换为数字信号。

4. 记录系统

记录系统是将数字信号保存在存储的介质中，形成遥感的原始数据。

三、遥感的特点

1. 大面积同步观测

在地球上进行资源和环境调查时，大面积同步观测获取的数据是最宝贵的。遥感观测不受地形阻隔等限制，且遥感平台越高，视野越宽广，可以同步观测的地面范围就越大。如美国的 Landsat 陆地卫星，一帧图像覆盖面积为 100n mile×100n mile(185km×185km)，在 5～6min 内即可扫描完成，实现对地点大面积同步观测。一帧地球同步气象卫星图像则可覆盖 1/3 的地球表面，实现更宏观的同步观测。

2. 时效性

遥感探测，尤其是空间遥感探测，可以在短时间内对同一地区进行重复探测，发现探测区域内许多事物的动态变化。如遥感动态监测，利用地球资源卫星(如美国的陆地卫星 Landsat、法国的 spot 等)数据，经过处理可在很短时间内获得几年、1 年或几个月时段内的动态变化情况和数据(见图 7-15)。

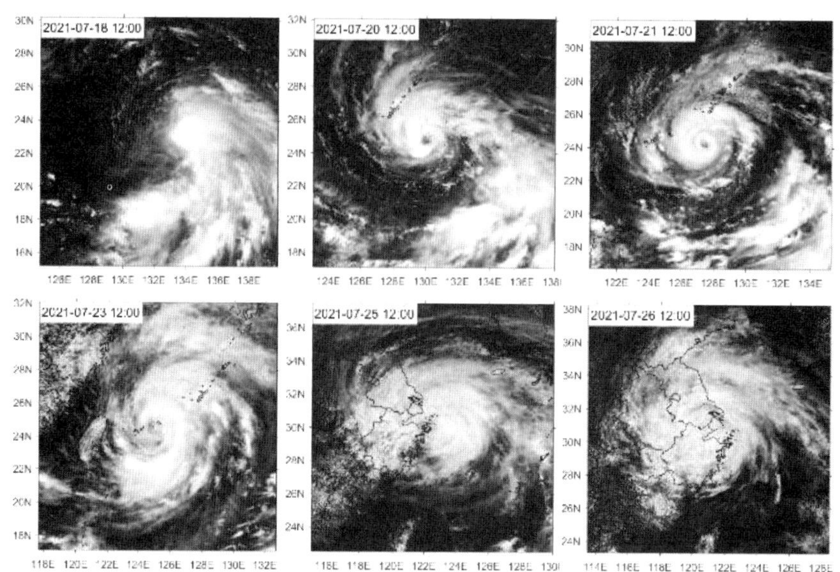

图 7-15　卫星遥感台风监测之美

3. 遥感信息的综合性

遥感获得的地面物体电磁波特性信息综合地反映了地面上许多自然、人文信息。红外遥感昼夜均可探测，微波遥感可全天候探测，人们可以从中有选择地提取所需的信息。从地球资源卫星所获得的地物电磁波特性可以综合地反映地质、地貌、土壤、植被、水文等特征而具有广阔的应用领域。

4. 经济性、局限性

遥感的费用投入与所获取的效益，与传统的方法相比，可以大大地节省人力、物力、财力和时间，具有很高的经济效益和社会效益。目前，遥感技术所利用的电磁波还很有限，仅涉及其中的几个波段范围。在电磁波谱中，尚有许多谱段资源有待进一步开发利用。此外，已经被利用的电磁波谱段对许多地物的某些特征还不能准确反应，需要发展高光谱分辨率遥感以及遥感以外的其他手段配合，特别是地面调查和验证手段。

四、遥感的分类

按照不同的分类依据，遥感有不同的分类体系，常见的有如下几种分类体系。

1. 按照遥感平台分类

遥感平台是搭载传感器的工具。按平台距地面的高度可分为：地面遥感、航空遥感、航天遥感。

(1)地面遥感

地面遥感指平台与地面距离小于 100m 进行的遥感观测。常用平台为固定的

遥感塔、可移动的遥感车、船舰等。在其上放置地物波谱仪、辐射计、分光光度计等,可以测定各类地物的波谱特性。

(2)航空遥感

航空遥感又称机载遥感,是指在飞机(飞艇、热气球、探空火箭等)飞行高度进行遥感观测。航空遥感平台与地面的高度在 100 m～100 km,用于各种调查、空中侦察、摄影测量(见图 7-16)。

图 7-16　青藏高原无人机航拍栅格数据之美

(3)航天遥感

航天遥感是以卫星、空间站等为平台,从外层空间对地球进行的遥感观测。航天遥感平台高度一般在 240km 以上。如气象卫星 GMS 所代表的静止卫星,位于赤道上空 36000 km 的轨道上;地球观测卫星 Landsat、SPOT 等高度在 700 km～900 km 之间;航天飞机的高度在 300km 左右(见图 7-17)。

图 7-17　高分二号——0.8 米分辨率卫星影像图之美

2.按照遥感的电磁波谱段进行分类

按设计时选用的电磁波谱段可以划分为,紫外遥感、可见光遥感、红外遥感、微波遥感(见表 7-1)。

表 7-1 电磁波谱

波段		波长	
无线电波/m	长波	>3000	
	中波和短波	10—3000	
	超短波	1—10	
	微波	0.001—1	
红外波段/um	超远红外	0.76—1000	15—1000
	远红外		6—15
	中红外		3—6
	近红外		0.76—3
可见光/um	红	0.38—0.76	0.61—0.76
	橙		0.59—0.61
	黄		0.56—0.59
	绿		0.50—0.56
	青		0.47—0.50
	蓝		0.43—0.47
	紫		0.38—0.43
紫外线/um		10^{-3}—3.8*10^{-1}	
X 射线/um		10^{-6}—10^{-3}	
γ射线/um		$<10^{-6}$	

3.按照遥感的研究对象分类

按遥感的研究对象可分为资源遥感与环境遥感两大类。

(1)资源遥感:以地球资源作为调查研究的对象的遥感方法和实践,调查自然资源状况和监测再生资源的动态变化,是遥感技术应用的主要领域之一。矿物的光谱反射率都不相同。光谱波段越多,能够识别的矿物种类就越多。利用高光谱遥感还能预测其他地质构造和矿物类型。其中,WorldView—3 的短波红外波段就能识别出很多种矿物(见表 7-18)。

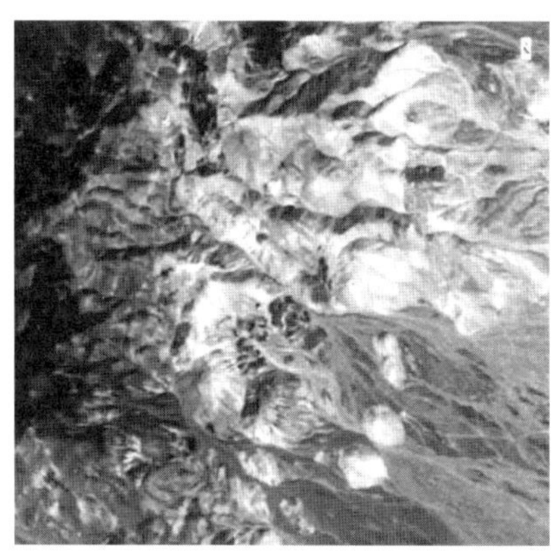

图 7-18　WorldView-3 高分遥感影像之美

(2)环境遥感:利用各种遥感技术,对自然与社会环境的动态变化进行监测或作出评价与预报的统称。由于人口的增长与资源的开发、利用,自然与社会环境随时都在发生变化,利用遥感多时相、周期短的特点,可以迅速为环境监测评价和预报提供可靠依据。

4.按应用空间尺度分类

按应用空间尺度可分为全球遥感、区域遥感和城市遥感。

(1)全球遥感:全面系统地研究全球性资源与环境问题的遥感的统称,从全球尺度研究地球资源与环境问题(见图 7-19)。

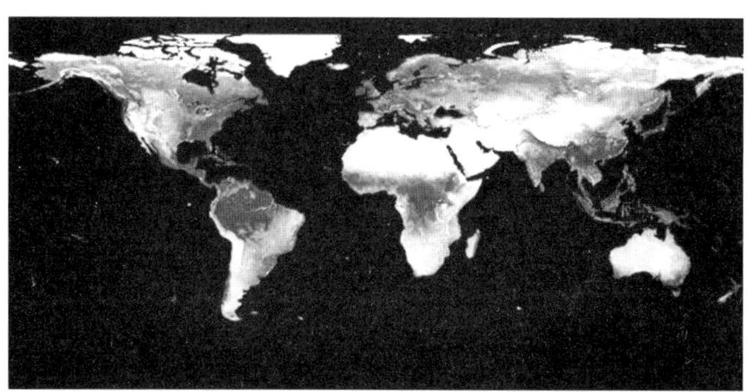

图 7-19　全球植被覆盖之美

(2)区域遥感:以区域资源开发和环境保护为目的的遥感信息工程,它通常按行政区划(国家、省区等)和自然区划(如流域)或经济区进行。

(3)城市遥感:以城市环境、生态作为主要调查研究对象的遥感工程。

学习小结

遥感是“太空之眼”,本章从太空俯瞰地球的视角,介绍了地球、祖国自然、人文之美以及遥感应用之美。从欣赏地球、祖国之美,体会祖国科技发展之美、遥感之美,具体了解遥感的定义、特点和分类。

思 考 题

1. 从太空看地球视角，欣赏地球、祖国自然、人文之美后，思考什么是遥感？遥感的特点有哪些？

2. 结合实例，谈谈在生活中还有哪些遥感应用之美。

关 键 词 语

遥感 remote sensing

参 考 文 献

1. 王福振. 地球生气了[M]. 贵阳:贵州教育出版社,2014.7.

2. 张光荣. 地球的神秘地带[M]. 武汉:武汉大学出版社,2015.1.

3. 乔纳森·维纳(张生,高建中等译). 地球的奥秘[M]. 长沙:湖南教育出版社,2000.12.

4. 田桂娥,王晓红,杨久东等. 大地测量学基础[M]. 武汉:武汉大学出版社,2014.

5. 田桂娥,王健,王晓红等. 控制测量学[M]. 武汉:武汉大学出版社,2014.

6. 郭际明,孔祥元. 控制测量学(第三版)[M]. 武汉:武汉大学出版社,2007.

7. 孔祥元,郭际明,刘宗权. 大地测量学基础[M]. 武汉:武汉大学出版社,2007.

8. 汪金花,王健,张永彬. 测量学通用基础教程(修订版)[M]. 北京:测绘出版社,2011.

9. 中国测绘宣传中心编. 再测珠峰——2005 珠峰测量的足迹[M]. 中国地图出版社,2005.

10. 李学数. 数学和数学家的故事(第 1 册)[M]. 上海:上海科学技术出版社,2015.

11. 汪金花,李孟倩,贾玉娜,等. 测量学通用基础教程(第三版)[M]. 北京:测绘出版社,2020.

12. 马克. 方向[M]. 北京;北京联合出版公司,2017.

13. 方向东. 心灵的力量[M]. 金城出版社,2012.

14. 王美玲,付梦印. 地图投影与坐标变换[M]. 北京:电子工业出版社,2014.

15. 刘葵兰. 变换的边界:亚裔美国作家和批评家访谈录[M]. 天津:南开大学出版社,2012.

16. 蔡天新. 数学与人类文明[M]. 北京:商务印书馆出版社,2012. ISBN:9787547823217.

17. 沈文选,杨清桃. 数学思想领悟(第 2 版)[M]. 哈尔滨:哈尔滨工业大学出版社,2018.

18. 李学数. 数学和数学家的故事(第 9 册)[M]. 上海:上海科学技术出版社.

19. 李学数. 数学和数学家的故事(第 10 册)[M]. 上海:上海科学技术出版社,2020.

20. 田桂娥,王健,王晓红等. 控制测量学[M]. 武汉:武汉大学出版社,2014.

21. 潘德炉,林明森,毛志华,等. 海洋遥感基础及其应用[M]. 北京:海洋出版社,2017.

22. 张安定等. 遥感技术基础与应用[M]. 北京:科学出版社,2014.

23. 汪金花,张永彬,宋利杰. 遥感技术与应用[M]. 北京:测绘出版社. 2015.

24. 符喜优. 中国西部地区典型冰川变化遥感监测研究[D]. 北京:中国科学院遥感与数字地球研究所. 2019.

25. 吴开杰. 攀西矿集区矿山环境遥感监测及地质环境评价[D]. 成都理工大学. 2016.

26. 唐飞,陈凤娇,诸葛小勇,等. 利用卫星遥感资料分析台风“烟花”(202106)的影响过程[J/OL]. 大气科学学报,2021.

27. 权文婷,王旭东,李红梅. 基于 FY—3D/MERSI—II 数据的陕西农业干旱遥感监测应用研究[J]. 干旱地区农业研究,2021,39(1):158—163

28. 朱丽蓉,崔乙斌,叶长青. 基于 GIS 与遥感的环境地学要素时空变化研究——以松涛水库流域为例[J]. 热点农业工程,2020,44(4):1—5